手 绘 训 练 营

工业设计 手绘表现技法

◎麓山手绘　编著

机械工业出版社

本书是一本讲解工业设计手绘表现方法的实例教程。本书从工业设计手绘的工具、线条绘制练习、透视原理和构图方法等基础理论入手，循序渐进地讲解了工业设计手绘表现的方法和技巧，内容包括各类家具、电子产品、交通工具、生活用品、五金产品、运动器材等。

　　本书图例丰富、风格多样，通过将手绘表现与工业设计相结合，可使读者在短时间内掌握手绘表现的基本技法，全面提高工业设计手绘表现的能力。

　　本书可以作为高等院校、高职高专产品设计等相关专业的教材，也适合产品设计爱好者参考。

图书在版编目（CIP）数据

工业设计手绘表现技法/麓山手绘编著. —北京：
机械工业出版社，2014.6
ISBN 978-7-111-46190-6

　Ⅰ．①工…　Ⅱ．①麓…　Ⅲ．①工业设计—技法（美术）
Ⅳ．①TB47

中国版本图书馆 CIP 数据核字(2014)第 054126 号

机械工业出版社（北京市百万庄大街 22 号　邮政编码 100037）
责任编辑：曲彩云
印　　刷：北京兰星球彩色印刷有限公司
2014 年 6 月第 1 版第 1 次印刷
184mm×260mm・16 印张・393 千字
0001－5000 册
标准书号：ISBN 978-7-111--46190-6
定价：48.00 元

凡购本书，如有缺页、倒页、脱页，由本社发行部调换
销售服务热线电话（010）68326294

　购书热线电话（010）88379639　88379641　88379643

　编辑热线电话（010）68327259

　封面无防伪标均为盗版

前 言
PREFACE

关于工业设计手绘

　　工业设计手绘是用图示语言做文章，用最快速、最简练的方式将设计方案和思路表现出来。工业设计手绘对于工业设计及相关专业的学生或从业者是必备的技能之一。手绘在现代的设计中有着不可替代的作用和意义。

本书编写的目的

　　随着艺术设计的进步，现在许多设计人员更倾向于手绘效果图。作为一名设计师，手绘是设计师最强大的"武器"之一，设计师可以将脑海中的抽象思维通过手绘呈现于纸上。同时手绘的表现功底可以体现出一个设计师艺术品位的修养与内涵。手绘主要意义在于可以让设计师更快捷地表达设计思想，克服计算机制图的种种不便。因此本书编写的目的就是为了帮助设计领域的朋友和工业设计及相关专业的学生了解产品手绘效果图的表现手法与表现步骤，并且可以使读者更好地掌握塑造形体的能力。

本书特色

　　本书内容丰富全面，讲解清晰，示范步骤条理分明，用简洁的文字结合丰富的案例，以期望读者能够简单地掌握手绘表现技法，并且在短时间内就可以使自己的手绘表现水平得到较大的提高。

本书内容

　　本书共分为15章。第1章为工业产品设计概述；第2章讲解了透视的基本知识；第3章介绍了绘图工具以及它们的特性；第4章讲解了工业产品手绘的基础练习；第5-15章分别讲解了家用电器、计算机办公、手机数码、鞋类、化妆用品、箱包钟表、运动产品、家具、汽车用品、交通工具和重型机械的设计表现。

本书作者

　　本书由麓山手绘编著，具体参加编写和资料整理的有：江凡、张洁、陈运炳、申玉秀、李红萍、李红艺、李红术、陈云香、陈文香、陈军云、彭斌全、林小群、刘清平、钟睦、刘里锋、朱海涛、廖博、喻文明、易盛、陈晶、张绍华、黄柯、何凯、黄华、陈文轶、杨少波、杨芳、刘有良等。

　　由于编者水平有限，书中疏漏与不妥之处在所难免。在感谢您选择本书的同时，也希望您能够把对本书的意见和建议告诉我们。

编 者 邮 箱：lushanbook@gmail.com

读者 QQ 群：327209040

目 录
CONTENTS

第 1 章

工业产品设计概述

工业产品设计综合了科技、艺术、社会领域内的学科知识，以满足现代人生活工作需要。设计表现指的是通过一定的手段来表达设计者的创新构想。随着科技的进步，一种快速、简练、生动的手绘表现技法逐渐被设计师们所青睐。手绘表现技法的实用性在于在最短的时间把设计想法和方案快速地绘制出来。

1.1 工业产品设计的发展历程

设计是一个的大概念。它其实就是人类把自己的意志加诸在自然界上，用以创造人类文明的一种广泛活动。或者用简单话说：设计是一种文明。工业产品设计就是大的概念的一种。工业产品设计综合了科技、艺术、社会领域内的学科知识，以满足现代人生活工作的需要。

工业产品设计的发展一直与政治、经济、文化及科学技术水平密切相关。与新材料的发现、新工艺的采用相互依存，也受不同的艺术风格及人们审美爱好的直接影响。就其发展过程来看，大体上可划分为以下三个时期。

第一个时期，始于19世纪中叶至20世纪初。

第一个时期主要是产品设计的启蒙时期。对于19世纪中叶至20世纪初的产品设计产生决定性影响的是德国包豪斯，它是由当时年轻富有才华的建筑师格罗皮乌斯在德国魏玛创立的一所设计学校——国立包豪斯。如下图所示。

他的原则是功能主义设计理论。废弃历史传统的形式和产品的外加装饰，主张形式依随功能，强调几何造型的单纯明快，使产品具有简单的轮廓、光洁的外表，重视机械技术，促进消费并考虑商业因素。

包豪斯学校的作品如下图所示。

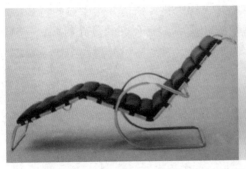

第二个时期，大体上从 20 世纪 20 年代至 50 年代

第二个时期主要是美国的现代主义的产品设计。由于二战时期包豪斯学校因德国纳粹的迫害，被迫于1933年7月解散，一些著名的教育家、设计家也多相继赴美，这样工业设计的中心即由德国转移到美国。美国在第二次世界大战中本土未遭破坏，为工业设计的发展提供了理想的环境，加之其科学技术水平处于领先地位，又为工业设计提供了良好的条件。此外，1929年资本主义世界的经济危机造成商业竞争的加剧，许多厂商通过产品在市场销售中的激烈竞争，逐步认识到产品设计的重要性，最终促进了工业设计的发展步入高潮。

第三个时期，是指20世纪50年代后期

第三个时期主要是完善时期。随着科学技术的发展，国际间贸易的扩大，各国相关的学术组织相继建立，为适应工业设计开展国际间交流的需要，国际工业设计协会于1957年4月在英国伦敦成立，其事务所设在比利时的首都布鲁塞尔。国际学术组织的建立和学术活动的广泛开展，标志着该学科已走上了健康发展的轨道。这个时期，发展成了国际主义风格产品设计时期。

这个时期工业设计的研究、应用及发展速度很快，其中最突出的是日本。以汽车为例，20世纪70年代以前，国际汽车市场是由美国垄断的，当时日本的技术、设备也多从美国引进，但他们在引进和模仿的过程中，注意分析和"消化"，并很快提出了具有自己民族风格的产品。70年代后期，日本的汽车以其功能优异、造型美观、价格低廉一举冲破美国的垄断，在世界汽车制造业中处于举足轻重的地位。同时日本在家用电器、照相机等工业产品设计上也取得了较大成绩。

1.2　产品设计手绘的重要性

产品设计手绘对于一个优秀的工业设计师来说十分重要，一个好的手绘表达是一个优秀设计的开始。手绘不但可以帮助设计师快速表达出自己的想法，而且可以通过线条的调整去快速把握设计的一个整体的调性。设计的调性对一个优秀的设计很重要。手绘就能够通过简单的线条调整，达到快速有效地解决设计整体调性和比例线条的目的。所以不是说好的手绘图就是漂亮的手绘预想图，有时候手绘可能是简单笨拙的笔触，就是简单的创意草图，很多设计师都喜欢把创意画在一个小本子上，以便随时随地进行创作，在最初的草图上可以衍生出新的创意或表达出新的想法，随时保持思维状态灵活开放。

在创意构思阶段，会有很多"问题"需要解决和优化，所以，用手绘的方式将产品的创意表达出来，当有问题时，也可以更好地更改和解决，一个好的设计不是一气呵成的，是经过各个方面的考量，多方修改才能设计出来精品，手绘在设计过程中扮演着不可或缺的重要角色。

在设计过程中的很多阶段，汇报演示都需要使用草图和手绘设计图来展示，这样不仅可以与成员交流，还可以与外部交流，每个阶段的不同意见和争论都是非常重要的。

手绘最大的特点是能直接地传达设计师的设计理念，不是说手绘一定要表现得多么完美，只要将这件产品清晰地绘制出来，将画面交代清楚，运用表现手法，让观者有大的视觉冲击，这就属于一个好的手绘图，手绘设计图有很多偶然性，这也正是手绘的魅力所在。

所以，作为一个设计师，手绘表现是很重要也是必须掌握的一项基本技能。

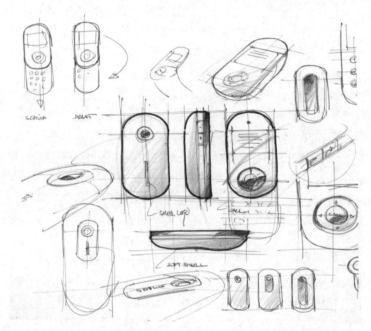

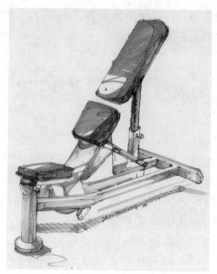

1.3　产品设计的特质

产品设计在工业设计中是一个重要角色，它反映了一个时代的经济、技术和文化的发展，许多发达国家的公司都把产品设计看作热门的战略工具，认为好的产品设计是赢得顾客的关键。许多在市场竞争中占优势的企业都十分注意产品设计的细节，以便设计出造价低而又具有独特功能的产品。一项成功的设计，应满足多方面的要求。这些要求，有社会发展方面的，有产品功能、质量、效益方面的，也有使用要求或制造工艺要求。一些人认为，产品要实用，因此，设计产品首先是功能，其次才是形状；而另一些人认为，产品设计应是丰富多彩的、异想天开的和使人感到有趣的。设计人员要综合考虑这些方面的要求。

产品设计的特质如下：

1.　社会发展的要求

设计和试制新产品，必须以满足社会需要为前提。这里的社会需要，不仅是眼前的社会需要，而且要看到较长时期的发展需要。

2.　经济效益的要求

设计和试制新产品的主要目的之一，是为了满足市场不断变化的需求，以获得更好的经济效益。好的产品设计可以解决顾客所关心的各种问题，同时，好的产品设计可以节约能源和原材料、提高劳动生产率、降低成本等。所以，在设计产品结构时，一方面要考虑产品的功能、质量；另一方面要顾及原料和制造成本的经济性；同时，还要考虑产品是否具有投入批量生产的可能性。

3.　使用的要求

使用的要求主要包括以下几方面的内容：使用的安全性。设计产品时，必须对使用过程的种种不安全因素，采取有利措施，加以防止和防护。同时，设计还要考虑产品的人机工程性能，易于改善使用条件；使用的可靠性。可靠性是指产品在规定的时间内和预定的使用条件下正常工作的概率。可靠性与安全性相关联。可靠性差的产品，会给用户带来不便，甚至造成使用危险，使企业信誉受到损失；易于使用。美观的外形和良好的包装。产品设计还要考虑和产品有关的美学问题，产品外形和使用环境、用户特点等的关系。在可能的条件下，应设计出用户喜爱的产品，提高产品的欣赏价值。

1.4 工业设计的方法

从工业设计的角度来看，一件优秀的设计作品是由许多因素构成的，比如它的颜色、材料、结构、形态等，但是在这其中，设计创意才是最核心的因素，在现代市场经济快速发展的条件下，可以运用先进的制造技术和管理方法把自己的想法实现，只要有足够的资金，可以将自己的想法做得尽善尽美。但是，如果最核心的设计创意出现问题，那所有的努力都将付之东流。通过这一点，我们就可以看出设计创意的重要性。

创意是设计的核心，贯穿于设计程序的每个阶段。想要成为一个优秀的设计师，必须具备全面而优秀的素质，在具体执行时才能全面地思考问题，反复推敲设计，才可能有新的设计创意出来，但是，在现实世界中，设计师面对的大多数设计工作都是比较平淡的设计，如：改良现有产品外观、扩大现有产品的品种、开发一件与竞争对手争市场份额的产品。工业设计师不只是为产品服务，还肩负着对社会的责任、改变人们生活方式和生存状态的责任。所以只有具备实力而且真心投入的设计师，才可能设计出对人，对环境和社会有意义的作品。

1.5 产品设计中的情感问题

产品设计是为人的使用而进行的设计，其组成部分包括可用性、美观性和实用性。在设计一个产品时，设计者需要考虑多种因素，如材料的选择、加工方法、产品的营销方式、制作的成本和实用性，以及理解和使用产品的难易程度等。近年来，情感化设计作为一种设计潮流被广泛提起。产品中的情感因素也显得日益重要起来，产品设计是人性化设计的升华。20 世纪 80 年代以来，人性化设计一直是设计的主要指导思想，也出现了许多以人为本形式的设计潮流。而今，情感化设计被认为是人性化设计的核心内容。

人的信息来源有百分之八十以上来自于视觉；人们对色彩和造型的敏感度高过一切感官刺激。所以，更多的情感化设计利用也都是从视觉入手的；色彩给人以刺激，引起一定的生理变化，伴随着会产生一定的心理活动。科学实验证明，和谐美丽的色彩，会使人分泌一种有益生理健康的物质，可以协调人的血液流量和神经通络，使人精神愉快。

以下是一些综合产品造型、色彩、材质等要素对用户产生情感的大致归纳。

- ▶ 女性的感觉：细腻的表面处理、柔和的曲线造型、柔和或艳丽的色彩。
- ▶ 男性的感觉：冷色系色调、简洁的表面处理，直线感造型。

- ▶ 朴素的感觉：质朴而无造作，天然而具纯美，冷色系色彩。
- ▶ 奢华的感觉：高级的材质，以高纯度暖色系为主调，强烈的视觉冲击。
- ▶ 高档的感觉：精细的工艺，和谐的色彩搭配。
- ▶ 厚重的感觉：较粗糙的质地，造型多为直线组成。
- ▶ 可爱的感觉：毛茸茸的质感，多为曲线造型，丰富跳跃的色彩。

以上只是列出色彩、形态、材质等因素所表达出来的产品给用户是一种什么样的感受。

总之，设计师将情感因素融入产品设计之中达到美感与实用性的统一，使实用的物品更具魅力，达到人与物的和谐，为产品的使用者更好地服务。

1.6　人体工程学的意义

人体工程学是一门技术科学。技术科学是介于基础科学和工程技术之间的一大类科学。人体工程学强调理论与实践的结合，重视科学与技术的全面发展，它从基础科学、技术科学、工程技术这三个层次来进行纵向探讨。与人体工程学有关的基础科学知识主要包括：心理学、生理学、解剖学、系统工程等。在工程技术方面，人体工程学已广泛运用于军事、工业、农业、交通运输、建筑、企业管理、安全管理、航天、潜水等行业。从各学科之间的横向关系看，人体工程学的最大特点是联系了关于人和物的两大类科学，试图解决人与机器、人与环境之间不和谐的矛盾

人从开始使用机器就构成了人机系统。经过多年的经验和教训提醒着人们，有时飞机弄错方向坠毁，炸弹误中友船，就是因为设计时没有考虑人的各种长处和短处。电子计算机发展的初期，计算机运算速度很快，输入数据、编制程序和打印结果很慢，机器经常处于空闲状态，也是因为没有考虑、研究人机接口系统和人机功能分配等因素引起的。人的能力和机器的潜力很好地配合，能提高管理和控制效率。随着机械化、自动化和电子化的高度发展，人的因素在生产中的影响越来越大，人机协调问题也就越来越显得重要。

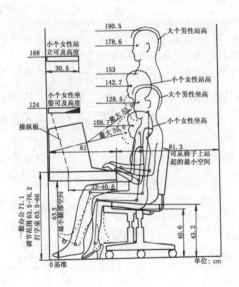

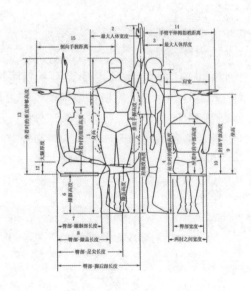

1.7 产品设计表现的构成要素

产品设计表现的构成要素主要为：手绘设计表现和计算机辅助设计

1. 手绘设计表现

设计草图是能将创意快速表现出来的一种设计方法，在最初的阶段，最典型的画稿就是"涂鸦"和"缩略图"，因为最初的设计意向是不确定的，模糊的。在这个阶段，最重要的就是产生大量创意，不断进行变形，并在最后总结成一个系列。这样一些绘画式的再现，是抽象思维活动的适宜表现，能把它们代表的思维活动的某些方面展示出来。而如果在初期用计算机绘图的话，则会扼杀大量的创意和思维，所以不符合在设计初期的一些表达。

思维产生设计，设计由表现来推动和深化，产品设计以手绘设计表现设计的意义。在设计程序中手绘表现是描述设计师创意的最快速、最简单的语言形式，它在设计程序中对创意方案的推导和完善起着不可替代的重要作用，是沟通与交流设计思想最便利的方法和手段，人可以通过手绘表现的便利通道来认识设计的本质内容和主旨思想。在手绘过程中，不在乎画面效果，只在乎于观察、发现和思索，强调脑、眼、手、图形的互动。设计草图的训练，可以培养设计师形象化思考、设计分析及方案评价能力，也可以锻炼出设计师的自信，好的手绘图能够通过一根线条看出设计师的自信程度。自信对一个设计师来说是十分重要的。所以，手绘在设计中是一项重要的、不可缺少的环节。

2. 计算机辅助设计

计算机技术在设计界被广泛应用，并且技术日趋成熟和完善，过去需要双手完成的大量的设计工作逐渐由计算机来完成，且工作时间及强度都大大降低。计算机在设计领域开始扮演愈来愈重要的角色，任何复杂的图形和需要耗费时间的工序，通过计算机操作就能轻而易举地处理，而且在设计过程中可以 不断地进行修改，这大大提高了设计效率，并且计算机效果图中的空间、材料、质感可以仿真，使得设计表现图显得直观而生动，设计成果还能得到重复利用，这推动了设计的产业化和标准化。

计算机辅助设计是利用计算机及其图形设备帮助设计人员来完成产品和工序的设计，在产品设计中，计算机可以帮助设计人员担负计算、信息存储和制图等工作。在设计中，设计师可以通过计算机来计算、分析、比较，并确立最终方案；设计人员通常用草图开始设计，将草图扫描到计算机，再用计算机来深入设计。

如果想成为一名优秀的设计师，光有好的创意和扎实的手绘基本功还不够，只有娴熟地掌握设计的各种辅助手段，使手绘设计和计算机设计二者形成互动、互补的关系，使设计艺术手段更加丰富与完善，才能成为一名好的设计师。

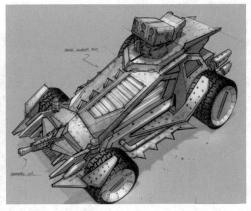

1.8 产品设计基本原则

1．实用性

产品设计与目的应该相适应。产品是否满足人机工程方面的需要，这种需要不仅仅是只对产品本身，同样也要考虑它被使用的环境。

2．独创性

在造型设计的艺术创造方面，要有创造性，突出自己的设计风格。

3．科学性

科学性既是一种态度也是一种方法。产品设计的科学性就是以科学的态度对待形状、色彩、材质和工艺方面的每一个环节。

4．经济性

设计创新不能不顾成本，在成本与利益之间找到一个最佳的结合点。

第2章

透视的基础知识

透视在产品设计中是非常重要的。对于设计师来说掌握透视是设计师最基本的设计素质。本章主要讲解了透视的一些基础知识，为后面的各章内容打下良好的基础。

2.1　透视的概述

在现实生活中看到的景物，由于距离远近、位置的不同，在人的眼睛视网膜上成像的状态也不同。大小相同，宽度一样的物体，会因距离的不同，呈现近大远小，近高远低的现象，这是常见的透视现象。

透视是产品手绘中最重要的基础，无论你的表现能力有多强，如果透视方面出了问题，所有的表现都是毫无意义的，所以要对透视有充分的了解，并且熟练应用，用几何投影规律的科学方法较真实地反映特定的产品透视。

透视就是近大远小、近高远低，这是在日常生活中常见的现象。透视是表现技法的基础，也是准确表达工业产品手绘效果图的规律法则，它直接影响到整个表现空间的真实性、科学性及纵深感。因此，掌握透视原理是画好工业产品手绘效果图的基础。

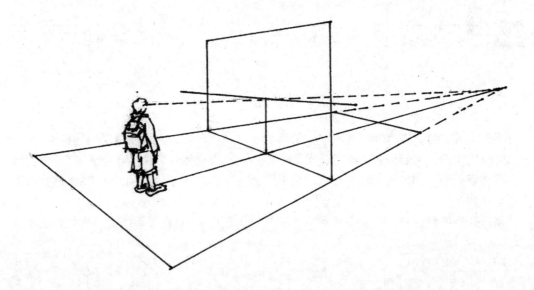

所谓透视就是在物体与观察者之间假设有一个透明的平面，观察者对物体射出的视线与此平面的交点所连接形成图形，即以观察者的眼睛为中心做出的空间物体在画面上的图影。

透视图的特点：近大远小，近高远低，近长远短，互相平行的直线透视会交于一点。

透视知识中的基本术语：

▶　视平线：与画者眼睛平行的水平线。
▶　心点：画者眼睛正对着视平线上的一点。
▶　视点：画者眼睛的位置。
▶　视中线：视点与心点相连，与视平线成直角的线。
▶　消失点：又叫灭点。与画面不平行的成角物体，在透视中伸远到视平线心点两旁的消失点。

▶ 天点：近高远低的倾斜物体（房子房盖的前面），消失在视平线以上的点。

▶ 地点：近高远低的倾斜物休（房子房盖的后面），消失在视平线以下的点。

透视规律：

▶ 平行透视：有一面与画面成平行的正方形或长方形物体的透视。这种透视有整齐、平展、稳定、庄严的感觉。

▶ 成角透视：任何一面都不与平行的正方形或长方形的物体透视。这种透视能使构图较有变化。

▶ 倾斜透视：与地面成倾斜状的平面产生倾斜透视，倾斜透视消失点因俯仰角度不同分别在地点或天点。

▶ 圆形透视：两种不同状态的圆形产生两种不同的透视变化规律，与地面（桌面）平行的圆形，离视平线越近其圆弧越扁，圆形则近大远小；与地面垂直的圆形，离主点越近，其圆弧越扁，圆形也是近大远小。

2.2 平行透视与成角透视

2.2.1 平行透视

平行透视又称单点透视，是手绘中常用的基本透视方法，由于在透视的结构中，只有一个透视消失点，因而得名。平行透视是一种表达三维空间的方法。当观察者直接面对景物，可将眼前所见的景物，表达在画面之上。通过画面上线条的特别安排来组成人与物，或物与物的空间关系，令其具有视觉上立体及距离的表象。

平行透视的特点是：画面上只有一个消失点（灭点），它在视平线上，也就是主点。

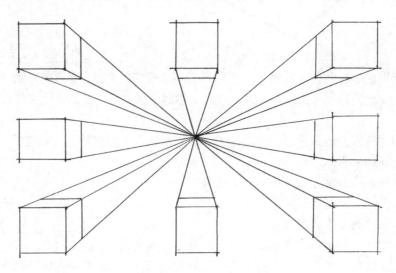

平行透视的概念，只有一个灭点

平行透视时观察者面前的物体主要面平行于画面，竖线垂直，只有一个灭点，所有的线条都从这点投射出。绘图时需要记住这一点，确定好所有的线条都要归于灭点。

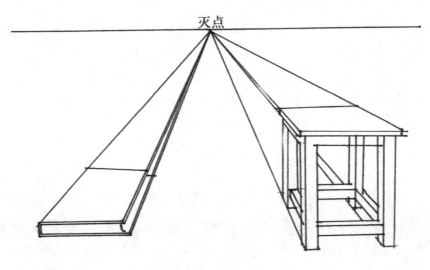

所有的线条消失于灭点

平行透视作图相对较为容易，纵深感强，具有庄重、完整的特点，因为产品手绘大多都是单个产品，所以平行透视会运用的比较多和常见。

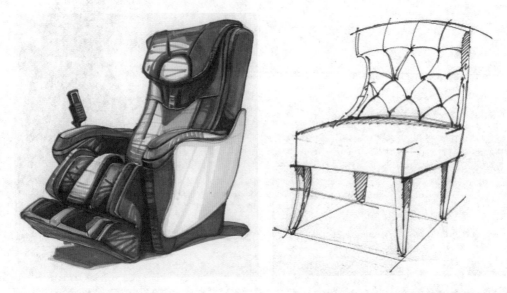

平行透视在产品手绘中的表现　　　　　　平行透视在产品手绘中的表现

2.2.2 成角透视

成角透视又称两点透视，由于在透视的结构中，有两个透视灭点，因而得名。成角透视是指观者从一个斜摆的角度，而不是从正面的角度来观察目标物。因此观察者看到各景物不同空间上的面块，亦看到各面块消失在两个不同的灭点上。这两个灭点皆在水平线上。成角透视在画面上的构成，先从各景物最接近观察者视线的边界开始。景物会从这条边界往两侧消失，直到水平线处的两个灭点。

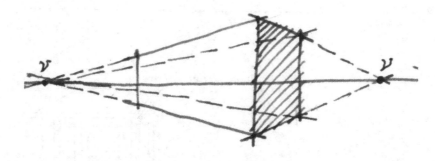

两点透视的概念，拥有两个灭点

成角透视的画面效果比较自由、活泼，能比较真实的反映空间；缺点是角度选择不好易产生变形。

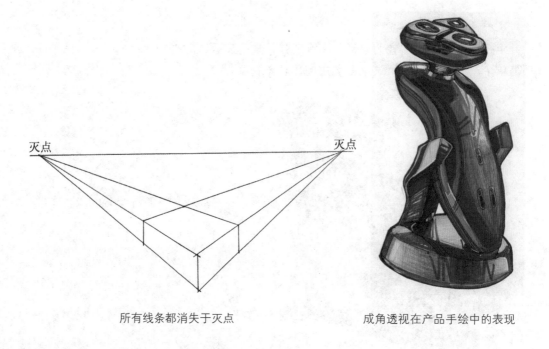

所有线条都消失于灭点   成角透视在产品手绘中的表现

2.3 倾斜透视与圆形透视

2.3.1 倾斜透视

倾斜透视又称为三点透视，是在画面中有三个灭点的透视。此种透视的形成，是因为产品没有任何一条边缘或面块与画面平行，相对于画面，产品是倾斜的。当物体与视线形成角度时，因立体的特性，会呈现出往长、宽、高三重空间延伸的块面，并消失于三个不同空间的灭点上。

　　三点透视的构成，是在两点透视的基础上多加一个灭点。第三个灭点可作为高度空间的透视表达，而灭点正在水平线之上或下。如第三灭点在水平线之上，正好象征物体往高空伸展，观察者仰头看着物体。如第三灭点在水平线之下，则可采用作为表达物体往地心延伸，观察者是垂头观看着物体。

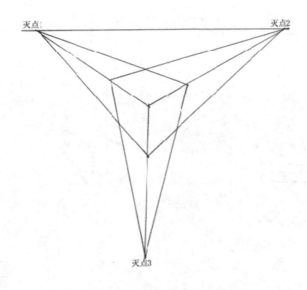

倾斜透视的特点，拥有三个灭点

倾斜透视可分为两种类型：平视的倾斜透视和俯视、仰视的倾斜透视。

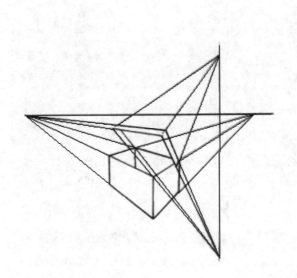

第三个消失点在水平上或者在下

倾斜透视在产品手绘中的表现

2.3.2 圆形透视

　　平行于画面的圆的透视仍为正圆形，只有近大远小的透视变化，垂直于画面的圆的透视形一般为椭圆。它的形状由于远近的关系，远的半圆小，近的半圆大。画透视圆形时，弧线要均匀自然，尤其是两端，垂直于画面的水平圆位于视平线上下时，距离视平线越近越宽，同一个圆心的大小不同的圆，叫做同心圆。

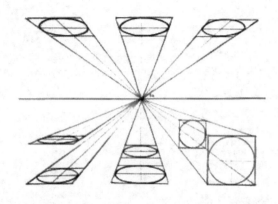

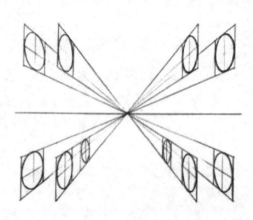

垂直于画面的透视形为椭
圆，平行于画面的透视形为
正圆

近大远小的特征

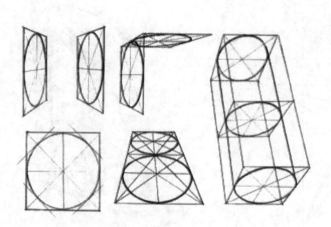

同心大小两个圆周之间的距离宽窄的透视
特征是：两端宽，远端窄，近端宽度居中

圆形透视在产品设计中的表现

第 3 章

绘图工具及特性

本章通过介绍一些基本手绘工具和马克笔的运用，让初学者对学习产品设计手绘有一个初步的认识。

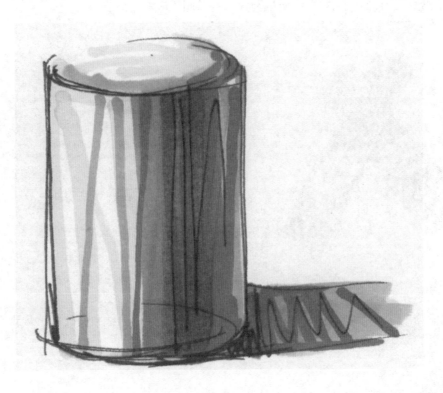

3.1 手绘工具

手绘类的工具和材料多种多样，马克笔、针管笔、钢笔、水彩、彩铅等，本章着重介绍几种常用的工具。

3.1.1 黑白表现类

黑白表现即线稿，这是手绘效果图中重要的组成部分之一。线描是素描的一种，用单色的线对物体进行勾画，线描也叫白描，就是单纯地用线条画画，在线描中线条可以有许多变化，如长短、粗细，曲直、疏密、轻重、刚柔和有韵律等，线条的变化能使得画面更加丰富。线描写生要注意把物象的前后遮挡关系表现正确，一般来讲，在画面中近处物体的基线应比远处物体的基线低。为了更好地表现出线条的美感，在写生中不能看到什么就画什么，应该通过比较和感受进行有目的地取舍与提炼、加工。常用的线条有直线、弧线、曲线和折线。

常见的线描工具有铅笔、炭笔、炭精条、钢笔、尼龙水笔、针管笔等，下面介绍几种常用的工具。

1. 绘图铅笔

绘图铅笔笔芯质地较软，对纸张硬度及绘图用力程度非常敏感，并能画出丰富的黑、白、灰变化效果，我们所说的素描便是利用这种绘图铅笔的特质。

2. 钢笔

钢笔能画出统一粗细或者略有粗细变化的线条效果，丰富的线条变化能够表现工业产品及其环境的形体轮廓、空间层次、光影变化和材料质感。

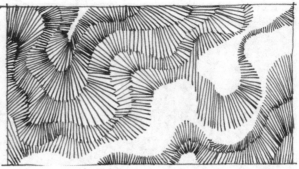

3. 圆珠笔

圆珠笔用起来细腻，层次丰富，比钢笔更宜细节刻画。表现力强，甚至能绘画出厚重的油画效果。虽然技法比较单一，但是便捷容易上手，正因如此，圆珠笔画是成为画种中具最高艺术造诣的绘画形式之一。

圆珠笔画要求一笔到位，不可修改。对手绘者的精准度要求甚高，同时是最花费心力的艺术表达形式。因为圆珠笔画的明暗层次性丰富，绘者用圆珠笔绘画时对力的把握控制至关重要。

圆珠笔的油墨不可擦去（一些特殊的圆珠笔除外），也就对绘画者有了严格的要求。一个娴熟的圆珠笔画画家，至少在绘画能力上是一个合格的美术工作者，随手拿起身边的圆珠笔，尝试一下吧。

4. 针管笔

针管笔是绘制图纸的基本工具之一，能够绘制出均匀一致的线条。笔身是钢笔状，笔头是长约 2cm 中空钢制圆环，里面藏着一条活动细钢针，上下摆动针管笔能及时清除堵塞笔头的纸纤维。

用针管笔绘图便捷容易上手，能画出相对精确且具有相同宽度的线条，针管笔的针管管径的大小决定所绘线条的宽窄。针管笔有不同粗细，其针管管径有 0.1～1.2mm 的各种不同规格，在设计制图中至少应备有细、中、粗三种不同粗细的针管笔。

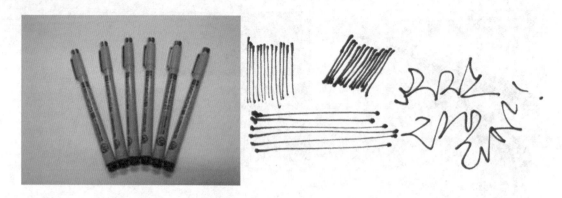

■提示：对于刚接触手绘的初学者来说因为需要大量的练习，所以并不需要使用太昂贵的针管笔，笔者推荐使用晨光牌的会议笔练习即可，各地文具店都有销售，物美价廉。

3.1.2 色彩表现类

效果图表现中最重要的就是色彩了，接下来介绍几种常用的色彩工具：

1. 彩铅

彩色铅笔作为一种表现工具，往往与透明水色、水彩、水粉以及马克笔等作图工具同时使用，能为画面增添更多表现魅力。

彩色铅笔种类很多，主要分为水溶性和非水溶性两种，一般来说水溶性彩色铅笔含蜡较少，质地细腻，通过彩色铅笔色彩的重叠，可画出丰富的层次。

彩色铅笔的颜色具有透明特色，在作画时一只铅笔的色调覆盖在另一只铅笔的色调上，能产生出新的色调效果。而且彩色铅笔易于掌控、不易擦脏、经过处理以后便于携带和保存。

2. 马克笔

马克笔具有色彩丰富、着色简便、成图迅速、易于携带等特点，因此深受广大设计师的欢迎，尤其是用于手绘图的绘制中，更显示出其他作图工具无法比拟的使用优势。

马克笔分为水性、油性、酒精性。

▶ 油性马克笔：油性马克笔快干、耐水，而且耐光性相当好，颜色多次叠加不会伤纸。

- 水性马克笔：水性马克笔颜色亮丽有透明感，但多次叠加颜色后会变灰，而且容易损伤纸面。用沾水的笔在上面涂抹的话，效果跟水彩很类似。
- 酒精性马克笔：酒精性马克笔可在任何光滑表面书写，速干、防水、环保，在设计领域得到广泛的应用。

■推荐：工业产品手绘中我们选择酒精性的马克笔，市面上比较广泛销售的是 Touch 三代的马克笔、美国三福牌的马克笔和美国 AD 牌的马克笔，这几类笔的效果依次递增，AD 牌的马克笔效果最好，但是也最昂贵，三福牌的马克笔次之。因为工业产品手绘表现需要的色系较多，所以在需要大量练习的阶段建议购买物美价廉的 Touch 三代马克笔。

■提示：因为是酒精性的马克笔，所以容易挥发造成马克笔没有"墨水"的情况，在这种时候只要在笔头处注入一些酒精马克笔就又可以使用了。

3.1.3 辅助类表现工具

辅助类工具多用于效果图完成之后的调整和点缀，如高光笔、修正液等。

1. 修正液

在工业产品手绘效果图中，修正液主要用于最后修饰与调整画面。效果图基本绘制完成后，常在工业产品高光处用修正液修饰提亮，这样往往能给图面带来意想不到的效果。

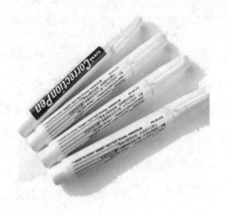
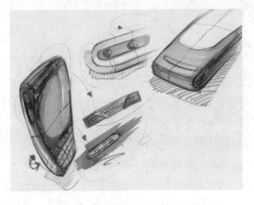

2. 高光笔

相对于修正液，市面上的高光笔能更好地控制出水量及线宽，更细腻、更专业地修饰画面。

✏ 直尺

直尺就是笔直的尺子，广泛用于数学，测量，工程等学科。在产品手绘中也会用到直尺，例如画一些直线边的立方体时，使得线条看起来流畅，但是，一般手绘时我们尽量少用直尺，直尺画出来的线条太过于呆板，画面缺乏设计感。

3. 尺规和曲线板

在绘制制图要求较高的效果图中，常常用到各种尺规及曲线板，借用这些工具可以绘制出粗细均匀、光滑饱满的线条

✏ 曲线板

曲线板也称云形尺，是产品设计的绘图工具之一，是一种内外均为曲线边缘（常呈旋涡形）的薄板，用来绘制曲率半径不同的非圆自由曲线。

曲线板的缺点在于没有标示刻度，不能用于曲线长度的测量。曲线版在使用一段时间之后，边缘会变得凹凸不平，这时候画出来的线会不够圆滑，并破坏整个画面。

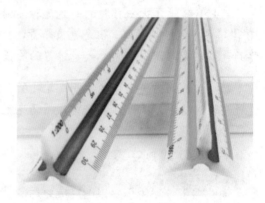

4. 绘图板

绘图板是为纸面提供支撑的一种绘图工具，常见的有速写板、带有硬质封面的速写本。

3.1.4 纸张的选择与使用

工业产品手绘对纸张的要求不高，绘图纸、打印纸、硫酸纸都是常用的绘图用纸。但画纸对图画效果影响很大，画面颜色彩度及细节肌理常常取决于纸的性能。利用这种差异可使用不同的画纸表现出不同的艺术效果。

▶ 硫酸纸：硫酸纸又叫拷贝纸，表面光滑，耐水性差。由于其透明的特性，可以方便地拷贝底图。纸张吃色少，上色会比较灰淡，渐变效果难以绘制。

▶ 复印纸：复印纸价格便宜，性价比较高，渗透性适中，但不能承担多次重复运笔。它是常用的手绘练习用纸。

- ▶ 绘图纸：绘图纸渗透性较大，价格较贵，可以承担多次重复运笔，在绘制优秀作品时常常使用绘图纸。
- ▶ 有色纸：市场上有各种有色纸，工业产品效果图的绘制一般选用灰色系为主，常以纸的固有色为中间色，暗部加深，亮部提亮。利用这种纸张能使画面色彩和谐统一，产生具有特色的效果。

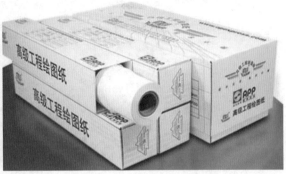

此外，水彩画有专用的水彩用纸，马克笔也有专业的马克笔绘图纸等。在绘制工业产品手绘图时，可以根据实际情况选择合适的纸张。

3.2 马克笔用法及特性

马克笔又称麦克笔，通常用来快速表达设计构思，以及设计效果图之用。有单头和双头之分，墨水分为酒精性、油性和水性三种，能迅速的表达效果，是当前最主要的绘图工具之一。

3.2.1 马克笔的绘图技法

马克笔用笔方法：

- ▶ 马克笔通常用于勾勒轮廓线条和铺排上色，铺排时，笔头与纸张成45°斜角。
- ▶ 上色渲染时注意不要重复涂抹，容易产生脏的感觉，而且色块不统一。但有时候重复涂抹能够表现明暗。
- ▶ 用笔的时候用力均匀，两笔之间重叠的部分尽量一致。

马克笔握笔方法：垂直线握笔法、水平线握笔法。

垂直线握笔法　　　　　　水平线握笔法

用马克笔时要下笔准确、肯定，不拖泥带水。线条流畅、色泽鲜艳明快，使用方便。

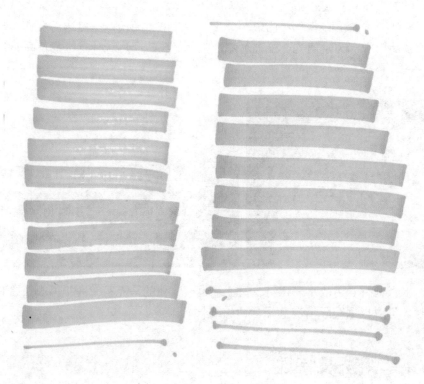

线条要平稳，马克笔的笔头要完全贴着纸，这样颜色才平稳。
几种错误的运笔：

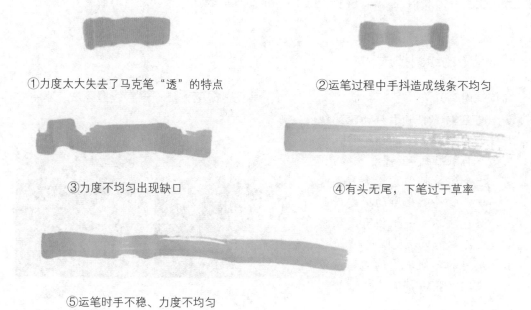

①力度太大失去了马克笔"透"的特点

②运笔过程中手抖造成线条不均匀

③力度不均匀出现缺口

④有头无尾，下笔过于草率

⑤运笔时手不稳、力度不均匀

3.2.2 马克笔的线条与笔触

使用马克笔可以用很多种方式。最简单的方式就是在物体表面涂平行线条。垂直线条会突出表面的垂直走向。还有湿画法，使用这种方法时，马克笔的线条方向并不重要，重要的是保持纸张湿润，这种方式不仅可以表现色彩的变化，还可以使得草图显得没有那么呆板。

效果图上色注意事项：

▶ 马克笔绘画步骤与水彩相似，上色由浅入深，先刻画物体的亮部，然后逐步调整暗、亮两面的色彩。

▶ 马克笔上色以爽快干净为好，不要反复地涂抹，一般上色不可超过四层色彩，若层次较多，色彩会变得乌钝，失去马克笔应有的神采。

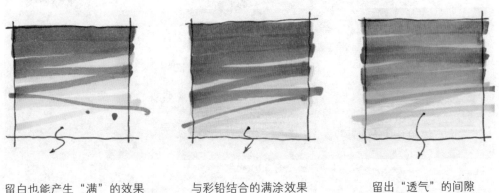

留白也能产生"满"的效果　　　与彩铅结合的满涂效果　　　留出"透气"的间隙

相近色的"渐变"

设计者在主观上促使笔在纸上作有目的的运动，所留下的轨迹即是笔触。

运用马克笔给物体上色时应按照物体的形体结构块面的转折关系和走向运笔。方形的面应该平行于一条主要的边排线，圆形的面应该用马克笔排弧线，这样物体才会有立体感。

笔触在运用的过程中，应该注意其点、线、面的安排。笔触的长、短和宽、窄组合搭配不要单一，应有变化，否则画面会显得呆板。

依据形体笔触相应变化，画出质感。

3.2.3 物体单色与彩色练习

1. 单色练习

✎ **长方体单色上色练习**

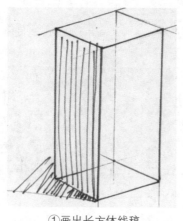

①画出长方体线稿

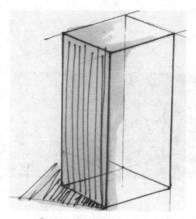

②从结构转折处开始上色调

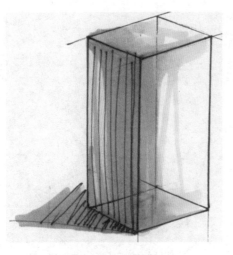

③进一步加深色调　　　　　　　④调整完善画面，完成绘制

✎　**圆锥体单色上色练习**

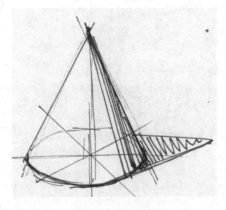

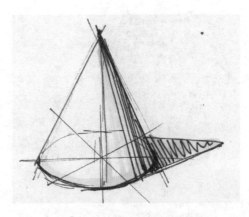

①画出圆锥体线稿　　　　　　　②从结构转折处开始上色调

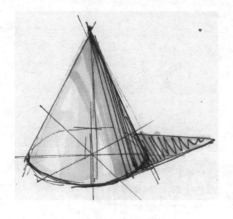

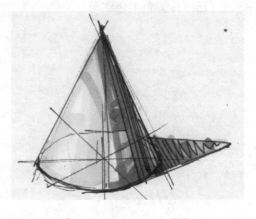

③进一步加深色调　　　　　　　④调整完善画面，完成绘制

✐ **圆台单色上色练习**

①画出圆台线稿

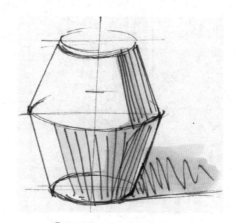

②从结构转折处开始上色调

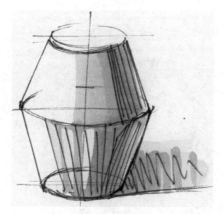

③进一步加深色调

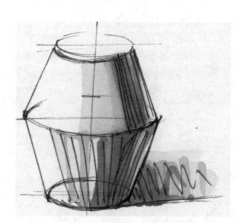

④调整完善画面，完成绘制

2. 彩色练习

✐ **正方体彩色上色练习**

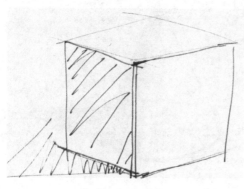

①画出正方体线稿

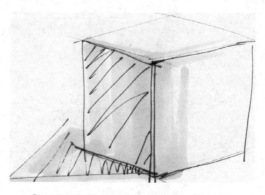

②用浅色马克笔从结构转折处开始上色调

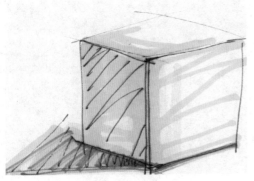

③进一步用黄色马克笔加深色调　　　　　　④调整完善画面，完成绘制

✎ **圆柱体彩色上色练习**

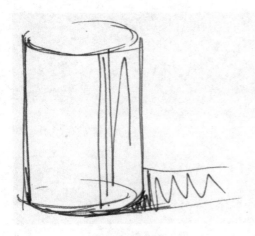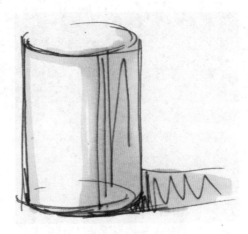

①画出圆柱体线稿　　　　　　②用浅色马克笔从结构转折处开始上色调

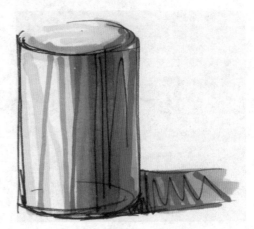

③进 步用蓝色马克笔加深色调　　　　　　④调整完善画面，完成绘制

第 4 章

工业产品手绘的基础练习

　　线条是一切设计手绘所使用的最基本元素。手绘表现主要通过针管笔、彩铅和圆珠笔来勾画物体轮廓。本章主要讲解线条练习和手绘色彩常用色。

4.1　线条和透视练习

4.1.1 产品针管笔线条表现方法

练习各方向的直线，下笔时要心平气和，速度可以放慢些，在大方向上尽量画直。

坚持练习一段时间，当你觉得开始上手了之后，可以用不同方向的线条组合起来画。

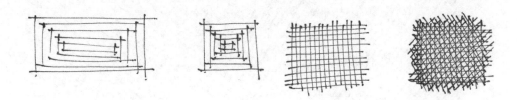

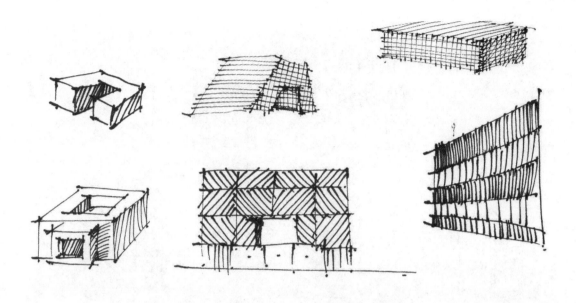

4.1.2 产品圆珠笔线条表现方法

与练习针管笔的方法一样，练习各方向的直线，下笔时要心平气和，速度可以放慢些，在大方向上尽量画直。

等练习熟练后，可以将线条组合起来画，和针管笔方法一样，只是圆珠笔用起来细腻，层次丰富，比针管笔更宜细节刻画，表现力强。

4.1.3 彩铅的线条表现手法

彩铅（彩色铅笔）是能够画出像铅笔一样的线条和水彩一样的功效的画具，质地相对来说较软。用画铅笔的方式排线，水溶性彩铅含蜡较少，质地细腻，通过彩铅色彩的重叠，可画出丰富的层次。

4.2　产品手绘色彩特性

　　色彩从本质上来说，是人的眼睛对物体反射的不同波长的光所产生印象，色彩的构成三要素：包括有被观察的物质、光的存在、观测者的感受。

4.2.1 产品手绘色彩常用色

下面这几种颜色在产品手绘中是最常用的，一般可以用颜色稍浅的拉开明暗关系，再用其他颜色进一步深入，因为产品中有很多金属材质的产品，下面几种颜色可以很好地表达产品的质感。

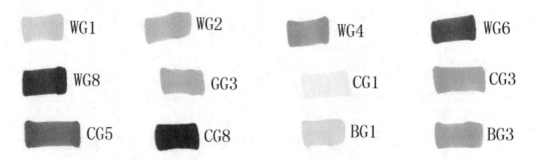

WG1　　WG2　　WG4　　WG6

WG8　　GG3　　CG1　　CG3

CG5　　CG8　　BG1　　BG3

4.2.2 色彩的冷暖特性

色彩作为一种视觉现象，它在人接受色光的同时，必将受到人自身生理和心理上的影响，产生冷暖的感觉，并人为地带上自己的色彩感情，如看到红、橙色会产生暖的、强烈的、澎湃的、前进的感觉；而绿、蓝给人以冷的、平和的、收缩的、后退的感觉，色彩的冷暖在手绘上色中极为重要，它对于设计师的观察、比较和使用色彩有很大的实践意义。

暖色调在产品手绘中的表现　　　　　　　　冷色调在产品手绘中的表现

4.3　产品手绘的快速表现

4.3.1 简单线稿练习

在练习用线勾勒产品线稿时，注意将外形勾勒准确，透视要合理。

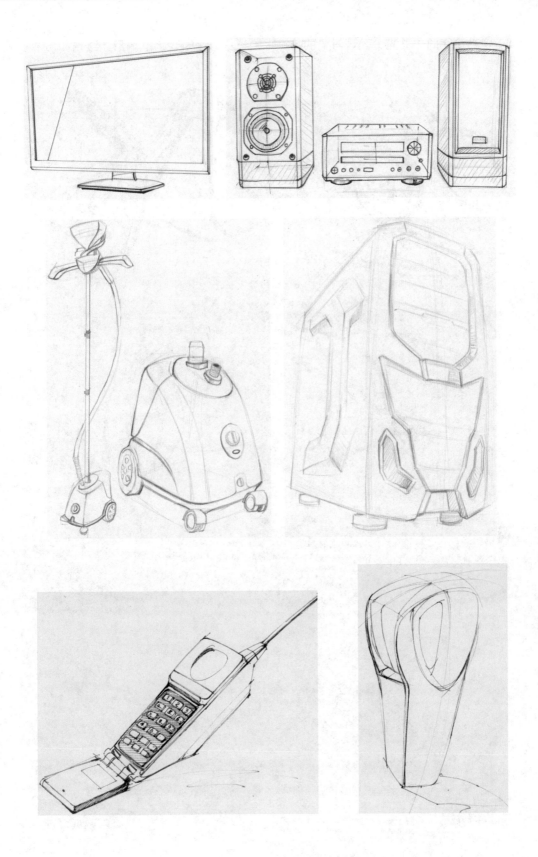

在勾勒产品时，要充分表现对象的特点，通过线条来表现产品的形体结构和质感。

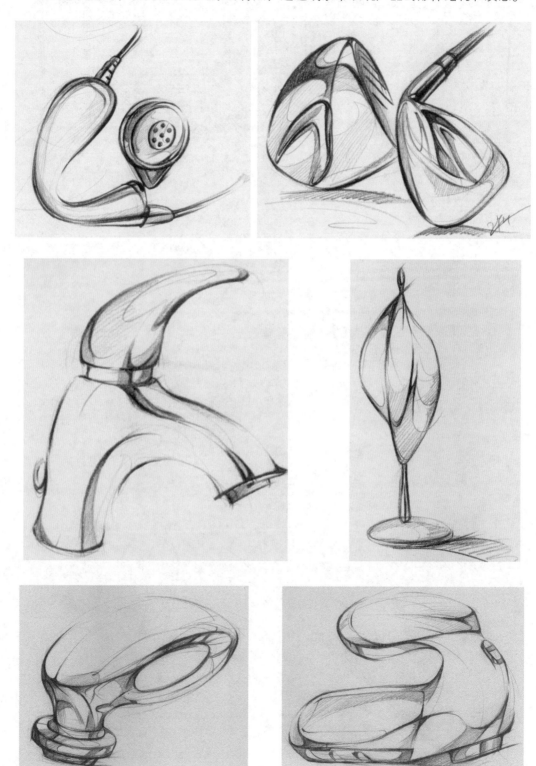

在练习勾勒线稿时，用线要简洁而流畅，用笔果断。

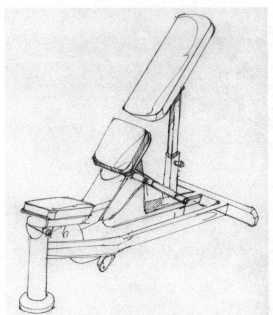
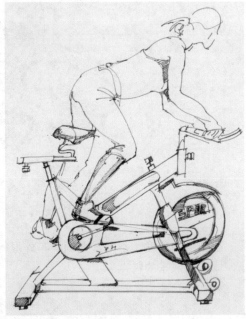

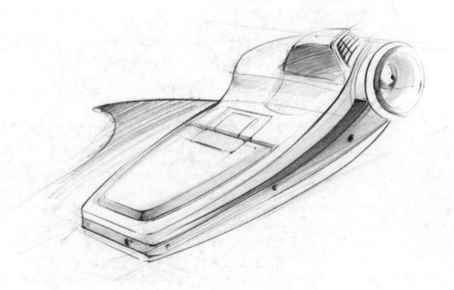

4.3.2 复杂线稿表现

在表现结构复杂的产品时，要先表现产品大体的透视和形体结构，然后画出细节部分，这样容易将外形绘制准确。

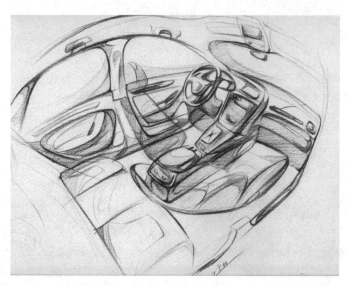

在画不同角度，不同透视的汽车外形的时候，要分析其特点以及整体效果，线条要流畅，体现出汽车的特点。

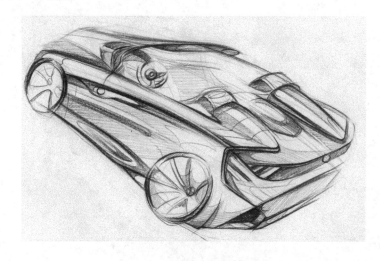

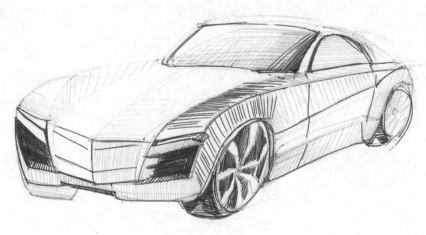

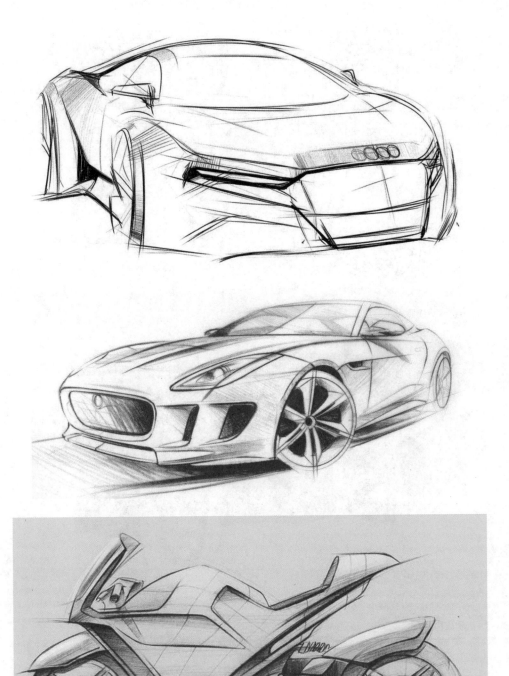

　　在练习手绘时，不但要练习画透视设计草图，而且也要多练习画立体效果图的画法，不同的立面效果的表现，可以使产品设计细化，将产品的细节表现得更加充分

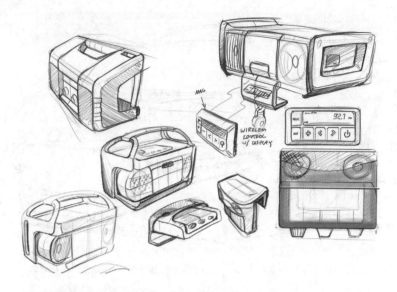

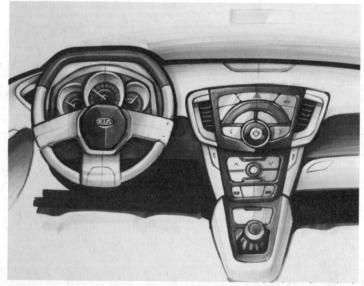

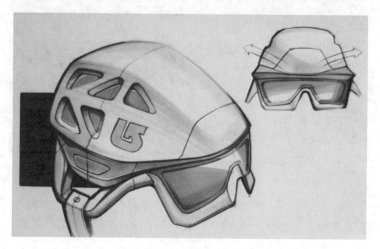

手绘训练营
工业设计手绘表现技法

第 5 章

家用电器产品的绘制

家用电器主要指在家庭及类似场所中使用的各种电子器具。现在随着社会的进步，家用电器已成为现代家庭生活的必需品。本章主要介绍了大家电、生活电器、厨房电器、五金家装和灯具的设计手绘表现。

5.1 大家电

5.1.1 平板电视

■范例

01 用铅笔大概勾画出平板电视的外轮廓，注意近大远小和透视关系。

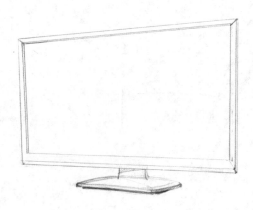

02 用铅笔细化，将多余的线条擦掉，辅助线可不擦，使得画面更有立体感。

03 用黑色勾线笔将平板电视的轮廓勾画，确定光线来自左上方，将右面和暗部的线条用较粗的黑色勾线笔加粗。

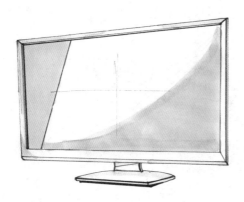 

04 用灰色马克笔绘制阴影部分，注意大的明暗关系和留白，勿将画面画脏。

05 用黑色勾线笔将平板电视的轮廓勾画，确定光线来自左上方，将右面和暗部的线条用较粗的黑色勾线笔加粗。

 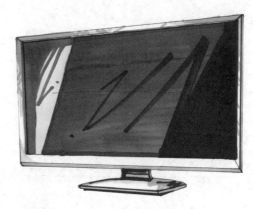

06 用深灰色马克笔把平板电视上大的色块铺上，注意用笔的流畅和干脆。

07 进一步上色，深入表现平板电视的特点，注意产品的材质特点和留白。

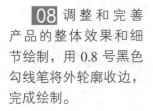

08 调整和完善产品的整体效果和细节绘制，用 0.8 号黑色勾线笔将外轮廓收边，完成绘制。

5.1.2 空调

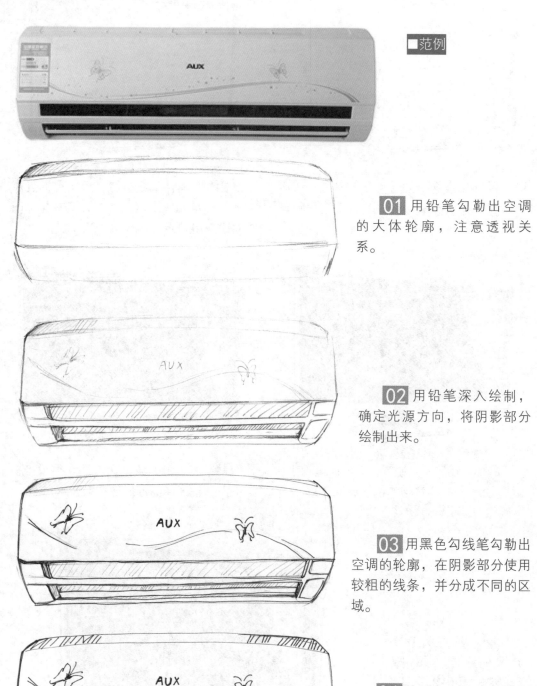

■范例

01 用铅笔勾勒出空调的大体轮廓，注意透视关系。

02 用铅笔深入绘制，确定光源方向，将阴影部分绘制出来。

03 用黑色勾线笔勾勒出空调的轮廓，在阴影部分使用较粗的线条，并分成不同的区域。

04 使用灰色马克笔绘制阴影部分，预先测试与彩色马克笔颜色是否匹配，用笔干脆利落。

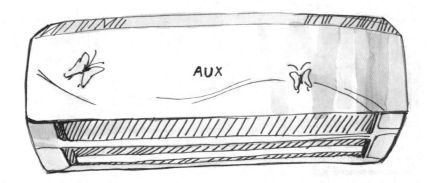

05 进一步上色，拉开颜色层次，统一大的整体关系，亮部适当的留白，用笔时注意空调的材质。

06 用深灰色上色，强调暗部和明暗交界线，绘制细节与高光部分，深入表现空调的特点。

07 调整并完善画面效果，用 0.8 号黑色勾线笔加深外轮廓，绘制完成。

5.1.3 冰箱

范例

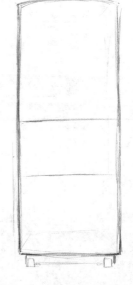

01 用铅笔勾画冰箱轮廓，形体要明确，干净利落。

02 用铅笔进一步细化轮廓，注意细节的表现，将暗部用排线法绘制出来，拉开暗部与亮部。

03 用黑色勾线笔勾勒出冰箱的轮廓，将底部的阴影部分使用较粗的线条，分成不同的区域。

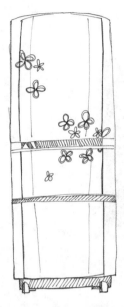

04 使用灰色马克笔绘制阴影部分，注意冰箱的材质，冰箱的表面是光滑的，会有很强烈的对比，所以注意留白。

05 用深灰色加强明暗交界线，注意细节的绘制。

06 用黑色加强暗部，注意用色的通透感。加深细节的绘制，深入体现冰箱的特点。

07 调整并完善冰箱的效果，丰富画面的色彩关系，将画面表现完整，完成绘制。

5.1.4 音响

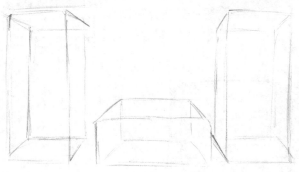

01 把音响看成长方体，用铅笔简单地勾勒出它们的外轮廓，注意透视关系。

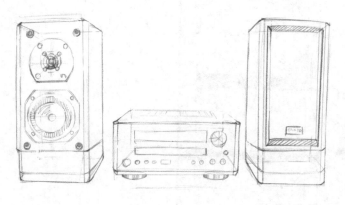

02 用铅笔深入绘制出音响的细节，保留前面的轮廓线，使得画面有立体感。

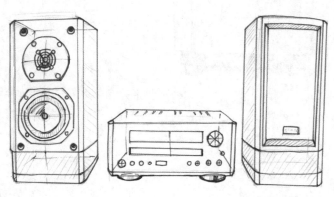

03 用黑色勾线笔沿着铅笔草稿画出线稿，画出阴影部分，注意线条的简练和流畅性。

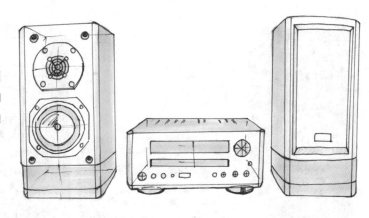

04 用灰色马克笔绘制阴影部分，注意光线来源和用笔的方法，并注意画面的统一。

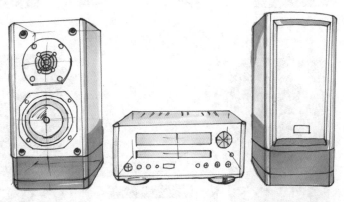

05 从整体入手，用深灰色加重暗部与阴影部分，拉开色彩的层次，明暗分明。

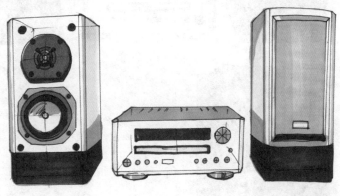

06 用黑色将底座绘制出来，注意音响的材质，音响是粗糙的材质，所以没有特别明显的高光，绘制底座时可以大胆用黑色上色，注意用笔的干脆与利落。

07 用棕色马克笔为音响涂上整体颜色，注意明暗的处理与渐变的关系。

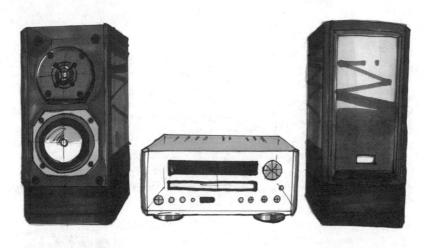

08 用黑色签字笔绘制音响的细节部分和空白部分。处理音响的明暗关系，将灰色马克笔与白色铅笔一起使用，表现物体的凹凸部分。

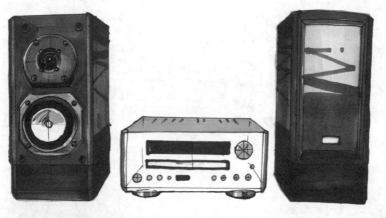

09 用第8步的方法将所有的细节部分一起画好，保证画面的整体感觉。

10 调整并完善音响效果，用 0.8 号黑色勾线笔加粗外轮廓，使得产品更有立体感，并绘制投影，完成绘制。

5.1.5 灯具

■范例

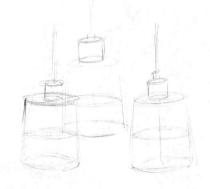

01 用铅笔勾画出灯具的外轮廓，可以将灯具看成圆柱体，形会更准。

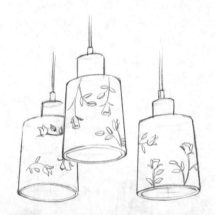

02 用铅笔绘制出细节，保留前面的辅助线，使得产品有立体感，画草稿时要时刻比对形。

03 用黑色勾线笔沿着之前的铅笔线稿，勾勒出灯具的轮廓，注意光线来源，将暗部的线条加粗，并分成不同的区域。

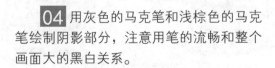

04 用灰色的马克笔和浅棕色的马克笔绘制阴影部分，注意用笔的流畅和整个画面大的黑白关系。

05 进一步上色，用灰色将整个灯具铺满，记得适当留白，然后用深灰色强调明暗交界线，用黑色马克笔绘制最深的暗部。

06 用黑色勾线笔绘制细节，将产品上的花纹表现出来，要注意花纹阴影的变化，暗部的花纹要深些，亮部的花纹要灰一些。

07 用橘黄色的彩铅绘制灯具偏暖的部分，这种渐变的颜色突出了灯具的磨砂感。

08 用 0.8 号黑色勾线笔将灯具外轮廓加强，更有立体感，整体调制后，完成绘制。

5.1.6 热水器

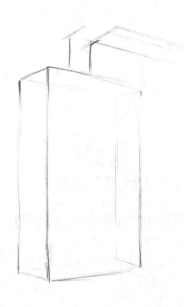

■范例

01 用铅笔绘制热水器外轮廓，线条使用流畅，将热水器绘制成一个长方体，透视关系也要画出来，使得画面立体感强。

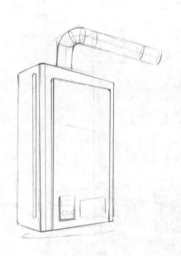

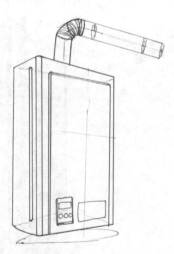

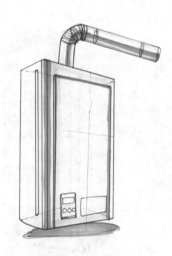

02 用铅笔绘制细节部分，保留上一步的辅助线。

03 用黑色勾线笔沿着之前的铅笔稿，勾勒出热水器的轮廓，注意用笔轻松，准确。

04 用灰色马克笔上阴影部分，确定光线来源，用笔感觉利落。

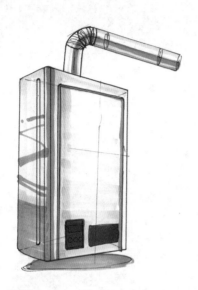

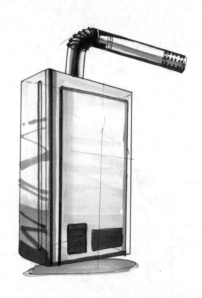

05 用深灰色和黑色马克笔加强阴影部分和固有色，注意管道的材质是金属材质，所以明暗关系要对比强烈。

06 进一步上色，色彩要协调统一，笔触应灵活流畅，突出产品的特点，注意笔触的运用。

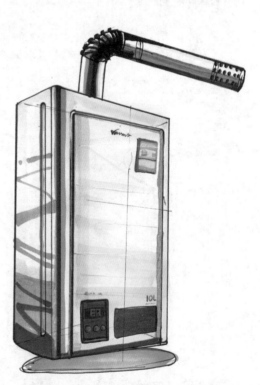

07 用白色铅笔和黑色勾线笔刻画细节部分，丰富色彩关系，在刻画的同时要统一好整体效果，深入表现产品的特点。

08 调整并完善热水器的效果，进一步表现热水器的特点，深入刻画细节部分，将效果表现完整，完成绘制。

5.2 生活电器

5.2.1 电风扇

■范例

01 用铅笔勾勒出电风扇的大体轮廓，注意透视关系。

02 用铅笔深入绘制细节，注意将产品的结构绘制出来，让画面有立体感。

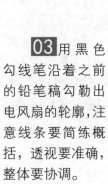

03 用黑色勾线笔沿着之前的铅笔稿勾勒出电风扇的轮廓，注意线条要简练概括，透视要准确，整体要协调。

04 用灰色马克笔处理阴影部分，确定光线来源，用笔感觉利落，注意留白，颜色透明。

05 用深灰色和黑色马克笔加强阴影部分和固有色,拉开层次关系。

06 用蓝色马克笔给扇叶上色,丰富色彩关系,确立大的一个色彩关系。

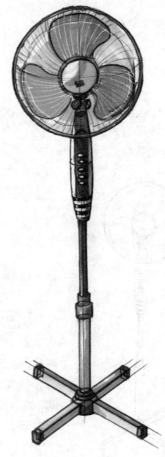

07 进一步上色,用深灰色马克笔给扇头上色,注意电扇网的留白,细节可后面再刻画。

08 深入刻画细节部分,电风扇的头部和按钮处都是刻画的重点,用白色签字笔和白色彩铅绘制亮部和高光处,充分表现电风扇的形体质感特点,并用0.8号黑色勾线笔绘制外轮廓,完成绘制。

5.2.2 净化器

■范例

01 用铅笔勾勒出净化器的大体轮廓。

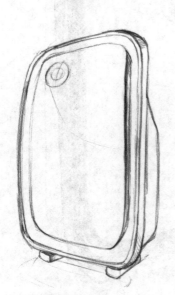

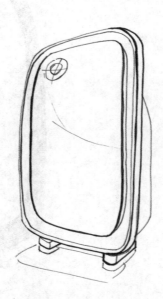

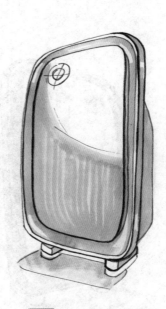

02 用铅笔深入绘制，注意将产品的结构绘制出来，让画面有立体感。

03 用黑色勾线笔沿着之前的铅笔线条勾勒出净化器的轮廓，注意线条的流畅，整体要协调。

04 用灰色马克笔涂上阴影部分，确定光线来源，用笔感觉利落。

05 用橘色马克笔给轮廓上色，注意留白。

06 加深橘色的局部，使颜色富有层次感。

07 注意细节的刻画以及阴影部分的描绘。

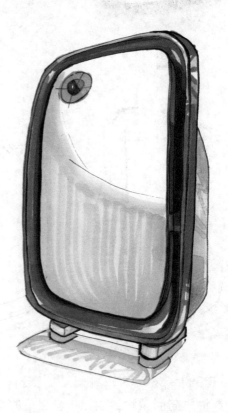

08 调整并完善净化器的效果，进一步表现热水器的特点，完成绘制。

5.2.3 挂烫机

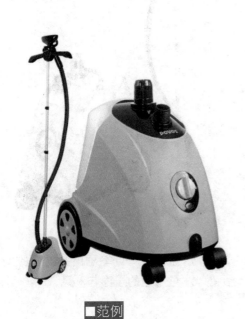

■范例

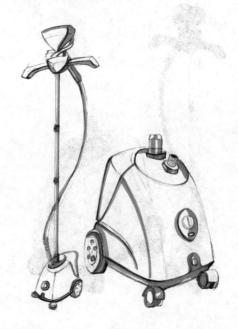

01 用铅笔勾勒出挂烫机的大体轮廓，注意透视关系。

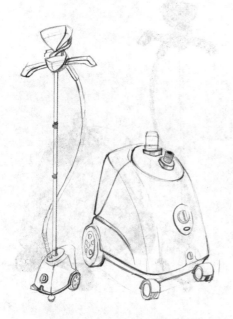

02 用铅笔深入绘制出挂烫机的细节，保留前面的轮廓线，使得画面有立体感。

03 用灰色马克笔绘制阴影部分和明暗交界线，将黑白关系拉开。

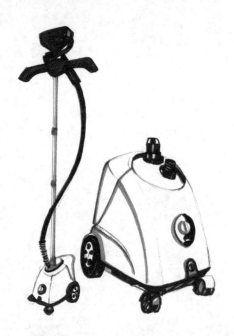

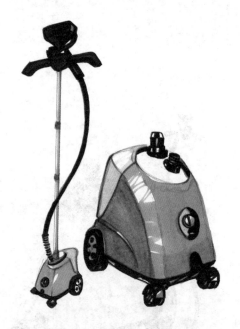

04 用黑色马克笔绘制产品固有色，进一步的将黑白关系拉开，注意绘制时要沿着产品的结构画。

05 用蓝紫色马克笔画出挂烫机的大体颜色，注意用笔的干净与利落。

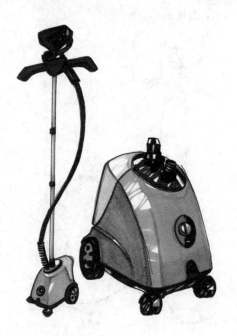

06 用黑色马克笔绘制挂烫机的插口，插口材质是塑料，比较光滑，所以会有很强烈的对比，要把这种感觉画出来。

07 进一步深入刻画细节部分。用白色彩铅绘制衣架部分，将亮部绘制出来，使得画面更有立体感。

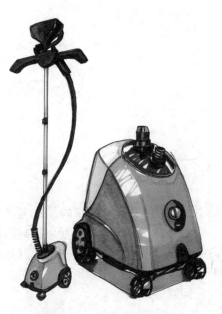

08 深入刻画细节,用同样的方法刻画挂烫机的按钮部分,注意高光的处理。

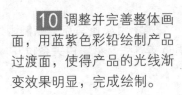

09 用深灰色马克笔绘制投影,注意用笔的干净,用白色签字笔绘制产品转折处的高光。

10 调整并完善整体画面,用蓝紫色彩铅绘制产品过渡面,使得产品的光线渐变效果明显,完成绘制。

5.2.4 熨斗

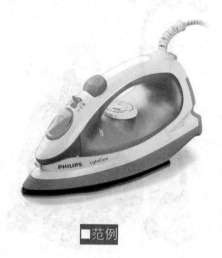

■范例

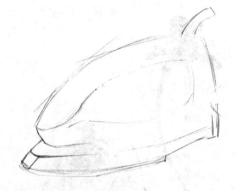

01 用铅笔大概绘制出轮廓，要注意形体的把握，这个形体有点不好画，所以把握形体的最好办法是从体开始画，从画长方体开始，然后切割，在画形体过程中要时刻去比对，才能及时发现问题并改正。

02 发现形体问题及时改正，进一步的用铅笔绘制轮廓，为后面上色打下基础。

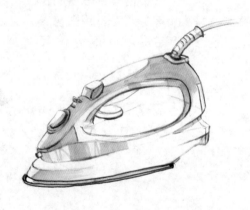

03 用灰色马克笔绘制阴影部分和明暗交界线，将黑白关系拉开。

04 用蓝紫色马克笔轻松绘制出熨斗的大体色调，注意黑白关系。

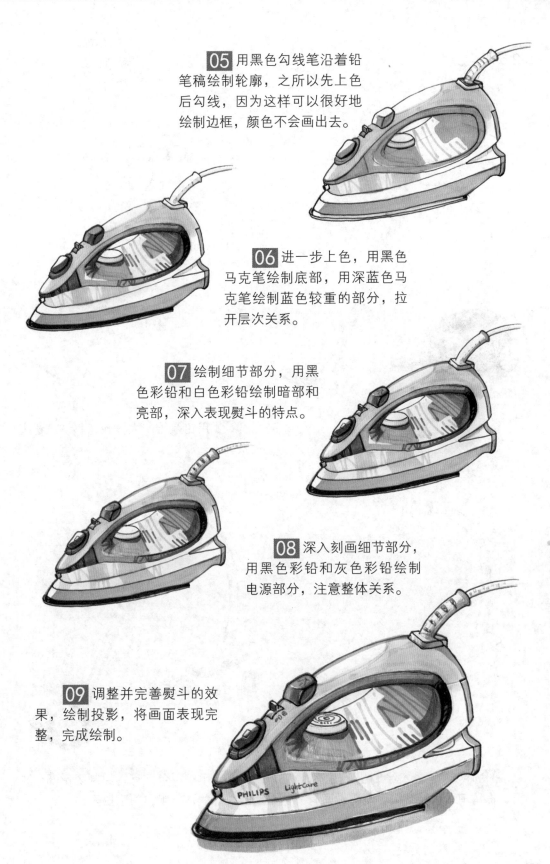

05 用黑色勾线笔沿着铅笔稿绘制轮廓，之所以先上色后勾线，因为这样可以很好地绘制边框，颜色不会画出去。

06 进一步上色，用黑色马克笔绘制底部，用深蓝色马克笔绘制蓝色较重的部分，拉开层次关系。

07 绘制细节部分，用黑色彩铅和白色彩铅绘制暗部和亮部，深入表现熨斗的特点。

08 深入刻画细节部分，用黑色彩铅和灰色彩铅绘制电源部分，注意整体关系。

09 调整并完善熨斗的效果，绘制投影，将画面表现完整，完成绘制。

5.2.5 吸尘器

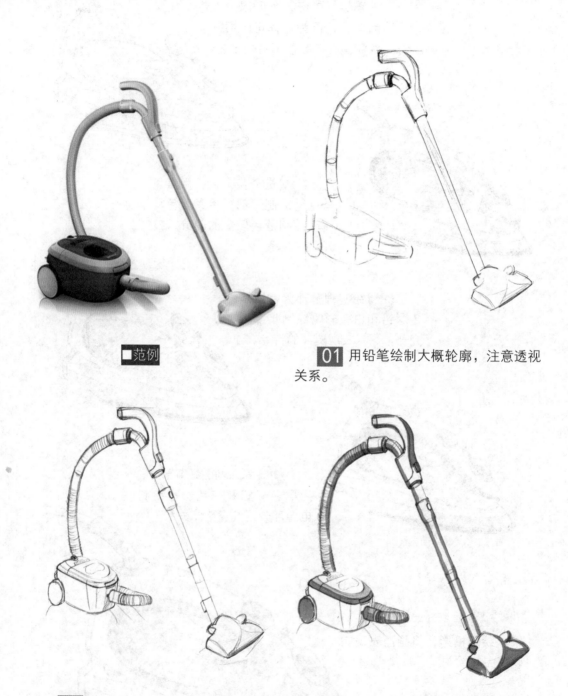

■范例

01 用铅笔绘制大概轮廓，注意透视关系。

02 用铅笔深入绘制出吸尘器的细节，保留前面的轮廓线，使得画面有立体感。

03 用棕灰色马克笔绘制阴影部分和明暗交界线，将黑白关系拉开。

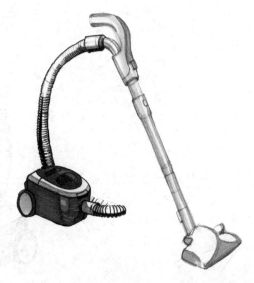

04 用玫红色马克笔绘制吸尘器大体颜色，用黑色勾线笔将暗部加深，勾勒外轮廓。

05 进一步上色，深入细节部分，逐步拉开色调的层次，进一步表现吸尘器的特点。

06 将管道用黑色勾线笔勾线，用白色签字笔调整，注意留白等细节部分

07 深入绘制细节部分，用白色签字笔绘制细节高光部分和产品转折处及其细小的亮部，这些都要处理好。

08 进一步绘制细节部分，用同样的方法即可，注意用笔的干脆利落。

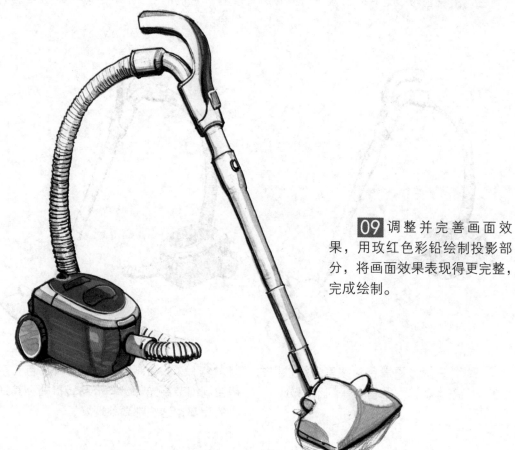

09 调整并完善画面效果，用玫红色彩铅绘制投影部分，将画面效果表现得更完整，完成绘制。

5.2.6 加湿器

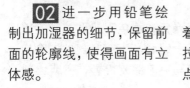

■范例

01 用铅笔勾勒出加湿器的大体轮廓，注意透视关系。

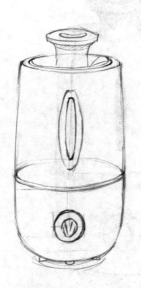

02 进一步用铅笔绘制出加湿器的细节，保留前面的轮廓线，使得画面有立体感。

03 用灰色马克笔沿着产品结构画出阴影部分，拉开黑白关系，突出造型特点，注意笔触的运用。

04 用绿色马克笔给加湿器上色，这个时候可以不用管细节部分，色调要协调统一。

05 进一步上色，用深绿色马克笔加深暗部，丰富颜色关系，用黑色勾线笔勾勒外轮廓，强调暗部。

06 用灰色马克笔进一步画上大体的颜色，要注意留白和画出渐变的感觉。

07 用白色签字笔绘制细节部分，用笔准确、轻松，注意统一整体效果。

08 绘制一些小文字，这样更能真实地表达产品。

09 用绿色和黄色彩铅调整并完善整体效果，将彩铅和马克笔完美的融合在一起，用灰色马克笔绘制投影，完成绘制。

5.3 厨房电器

5.3.1 榨汁机

■范例

01 用铅笔绘制出榨汁机大体的轮廓，注意透视关系。

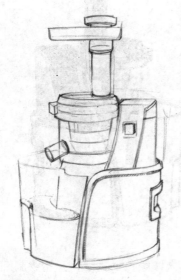

02 进一步用铅笔深入绘制细节部分，画出产品的透视，使得产品立体感强烈。

03 用灰色马克笔绘制阴影部分，确定光线来源，暗面的线条要加粗。

04 用黑色马克笔沿着产品的结构画出产品的大体颜色，注意颜色细微的变化和留白。

05 用黑色马克笔进一步画上大体的颜色，在上色的同时就可以用黑色勾线笔将轮廓勾勒。

06 用黑色马克笔进一步加深，画上大体的颜色，在上色的同时就可以用黑色勾线笔将轮廓勾勒。

07 大体颜色上完后，开始绘制细节部分，选准一个点好好地刻画。

08 用红色马克笔绘制果汁的颜色，打个底色，果汁颜色比较鲜艳，所以少用灰色系的颜色。注意用笔干脆。

09 用橘色彩铅深入绘制果汁的颜色，将果汁的颜色提亮一点。

10 开始深入绘制细节部分，这里经常用到的就是白色彩铅和白色签字笔，将亮部和高光分别用白色彩铅和签字笔绘制出来，让产品有立体感，画面更加丰富。

11 调整并完善产品的细节，用灰色彩铅和马克笔绘制阴影部分，有种倒影的感觉，注意用笔的方法，将画面表现完整，完成绘制。

5.3.2 电饭煲

■范例

01 用铅笔勾勒出产品的大体轮廓，可以将产品先画成一个长方体，然后再分割，这样透视关系不容易错。

02 进一步用铅笔绘制产品的细节部分，上一步留下的辅助线不用擦去，使画面有立体感和设计感。

03 用灰色马克笔绘制阴影部分，用黑色勾线笔沿着铅笔稿勾勒外形，先上色后勾勒，这样就知道有哪些线条其实是可以去掉的。

04 用灰色马克笔进一步涂上大体的颜色，要注意留白和画出渐变的感觉。

05 用浅黄色马克笔绘制电饭煲顶部的颜色，用笔准确，轻松，注意统一整体效果和留白，先用浅色上色是为后面深色打基础，如果先上深色，那么画面很容易被画脏。

06 用玫红色和粉红色彩铅进一步为电饭煲顶部上色，让颜色更加的丰富，注意画面的整体效果。

07 用深灰色马克笔进一步强调阴影部分，将黑白关系拉开，接着用黑色勾线笔将电饭煲的前端部绘制的更清晰。

08 用白色铅笔和白色签字笔绘制细节部分，将亮部和高光绘制出来，一些产品的符号也要画出来，这样画面会更逼真，画面内容也会更加丰富。

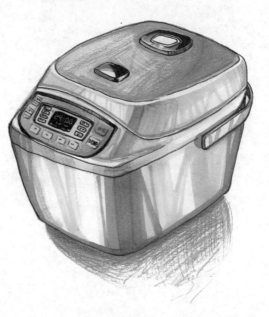

09 调整并完善画面的效果，用橘色彩铅和灰色彩铅绘制投影，进一步的强调整体关系，深入刻画细部结构，将电饭煲的效果表现完整，完成绘制。

5.3.3 面包机

■范例

01 用蓝色彩铅绘制出面包机的大体轮廓，要注意各部分的形状与比例，蓝色彩铅绘图的好处是比较软，用起来可以将线条虚实化，让画面更加丰富。

02 进一步用蓝色彩铅绘制面包机的细节部分，适当的将阴影画出来，让画面丰富有立体感。

03 用灰色马克笔铺出面包机的大体颜色，拉开黑白关系，为进一步上色做铺垫。

04 进一步上色，用深色马克笔绘制面包机颜色较深部分，深入表现面包机的材质结构特点，注意用笔要灵活，要保持画面轻松、明快的特点。

05 用棕色马克笔为面包上色，然后用深棕色绘制阴影部分，黑白关系要拉开，这个时候，其他的部分也要跟上来，保持画面的整体统一，用深灰色马克笔加深阴影部分。

06 绘制细节部分，这个时候大的颜色已经上完了，就可以开始深入细节绘制了，从面包开始，用与马克笔颜色相近的彩铅绘制，将面包那种软软的感觉画出来，因为面包机的材质是光滑材质，所以会有投影，高光部分也比较亮，这里可以采用白色铅笔和白色签字笔绘制。

07 深入细节绘制，用灰色彩铅绘制面包机机身部分，这种渐变的感觉可以表现出面包机光滑的表面，刻画细节时也要注意画面的整体统一。

08 调整并完善面包机的效果，强调产品的结构转折，加强明暗对比关系，这个时候可以将投影画上，将画面表现完整，完成绘制。

5.3.4 咖啡机

■范例

01 用蓝色彩铅勾勒出咖啡机的大体轮廓。

02 进一步用蓝色铅笔绘制细节部分，注意线条的虚实变化，注意透视要准确，要将产品表现到位。

03 用灰色马克笔上出咖啡机的阴影部分，拉开黑白关系，注意颜色要干净透明，用笔触表现造型特点。

04 用深灰色马克笔加深阴影部分，拉开颜色层次，注意留出高光，用黑色勾线笔勾勒线条，注意统一整体关系。

05 进一步上色，深入表现物体的特点，在刻画细节的同时，统一整体效果。

06 用与马克笔颜色相近的彩铅绘制大体色彩关系，可以用彩铅来绘制颜色的过渡，表现出产品的材质特点。

07 绘制细节部分，从咖啡机的按钮开始，用白色签字笔和白色签字笔绘制亮部，注意颜色的变化和整体的统一。

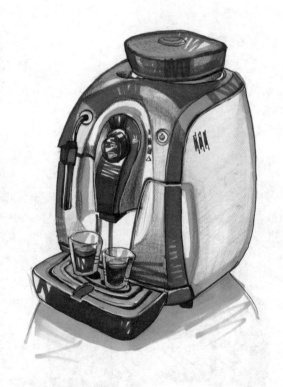

08 深入绘制细节，尽量刻画的完整，这样使得画面丰富有立体感，还要注意整体色彩的统一。

09 调整并完善咖啡机的效果，加强画面的层次关系，完善细节部分，将画面表现完整，完成绘制。

5.3.5 电烤箱

■范例

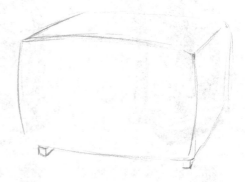

01 用红色彩铅绘制电烤箱的大体轮廓，注意透视关系，用红色彩铅打草稿是为了给后面上红色打基础。

02 进一步用红色彩铅绘制细节部分，注意线条要简练概括，结构清晰，为进一步上色做好准备。

03 用灰色马克笔绘制阴影部分，拉开黑白关系，用黑色勾线笔沿着铅笔稿勾勒出电烤箱的轮廓，注意线条的虚实。

04 用红色马克笔和黑色马克笔绘制电烤箱的大体颜色，注意用笔干脆和留白。

05 用红色彩铅进一步绘制电烤箱红色部分，丰富颜色，使颜色更加鲜艳，这时候要注意颜色的统一和整体的黑白关系。

06 绘制细节部分，从电烤箱的按钮部分开始刻画，用与马克笔相近的颜色的彩铅绘制，画出渐变的效果，将产品细节刻画完整。

07 进一步刻画细节部分，深入表现电烤箱的特点，但是刻画细节时要注意整体的颜色关系。

08 调整并完善电烤箱的效果，注意运笔方向，增强暗部与亮部的对比，并画出投影，将画面表现完整，完成绘制。

5.3.6 电水壶

■范例

01 用蓝色彩铅勾勒出电水壶的
大体轮廓，注意产品结构和透视关系。

02 进一步地勾勒轮廓，进一步
地确定形体关系，将电水壶的阴影部
分用彩铅稍微带点调子，为后面上色
打下基础。

03 用灰色马克笔绘制阴影部
分，拉开黑白关系，用黑色勾线笔沿
着铅笔稿勾勒外形，在勾线时，笔触
要放松，明暗的处理要得当，画面要
简洁。

04 用黑色马克笔画出电水壶
的大体颜色，用色要干净，透明，
注意留白和整体色彩关系。

05 大体颜色上完之后，可以开始绘制细节部分。用白色彩铅上色，可以画出渐变的效果，使产品表现得更立体与更真实。

06 用白色签字笔绘制高光部分，用黑色勾线笔加粗阴影部分的线条，进一步拉开黑白关系。

07 深入刻画细节部分，画出产品上的一些标识，使得画面丰富和完整，在刻画细节的同时要注意整体的色彩关系。

08 给电水壶画出投影，调整并完善电水壶的效果，完善细节的绘制，将画面表现完整，完成绘制。

5.3.7 抽油烟机

■范例

01 用蓝色彩铅勾勒出产品的大体轮廓，注意透视关系。

02 进一步用蓝色彩铅勾勒轮廓，进一步确定形体关系，将抽油烟机的阴影部分用彩铅稍微带点色调，为后面上色打下基础。

03 用灰色马克笔绘制阴影部分，拉开黑白关系。用黑色勾线笔沿着蓝色彩铅稿勾出轮廓，在上色时，用笔要干脆利落，干净透明，勾线时也不要犹豫，用笔要干脆。

04 用深灰色马克笔进一步绘制阴影部分，进一步拉开黑白关系，上色时也要进一步的确定形体，注意整体关系。

05 进一步上色，深入表现抽油烟机的结构特点，注意用笔要灵活，保持画面轻松、明快的特点。

06 绘制细节部分，看整体关系，颜色深的部分可以适当用白色彩铅减弱，注意整体关系的统一。

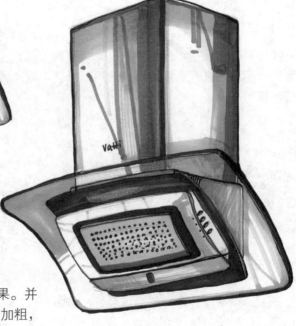

07 进一步绘制细节部分，深入表现抽油烟机的结构和质感特点，将细节表现完整，丰富画面。

08 调整并完善画面效果。并用 0.8 号黑色勾线笔将外轮廓加粗，将画面表现完整，完成绘制。

5.3.8 煤气灶

□范例

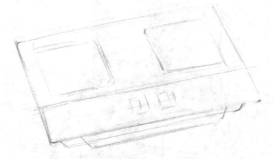

01 用蓝色彩铅画长线条，勾勒出煤气灶的轮廓，注意透视关系。

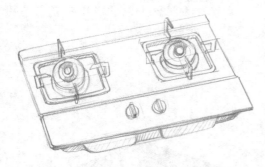

02 进一步用蓝色彩铅绘制轮廓。注意线条要简练概括，透视要准确，可以适当带点色调，拉开黑白关系，为后面上色打下基础。

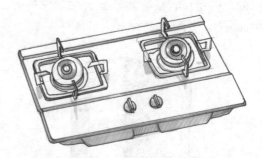

03 用黑色勾线笔沿着彩铅稿画出线稿，整体要协调，结构要清晰，用灰色马克笔绘制阴影部分，注意用笔干净利落。

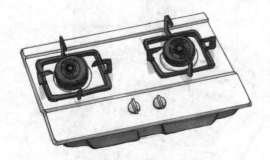

04 用深灰色马克笔为煤气灶上固有的颜色，注意整体关系和统一。

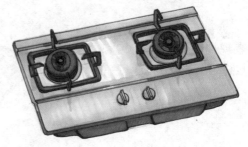

05 用灰色马克笔为煤气灶上大体颜色，画出固有色，注意留白，颜色干净透明。

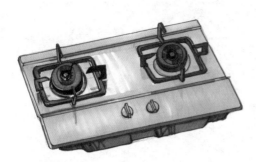
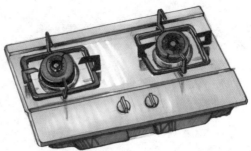

06 进一步上色，用黑色彩铅将产品上的投影画出来，深入表现煤气灶的结构和质感特点，拉开明暗关系。

07 进一步绘制细节部分，用白色彩铅和白色签字笔绘制高光和亮部，丰富画面，进一步拉开明暗关系。

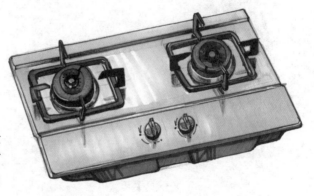

08 深入绘制细节部分，尽量刻画得完整，这样使得画面丰富有立体感，但还是要注意整体色彩的统一。

09 调整并完善产品的效果，进一步表现煤气灶的结构特点，深入刻画细节结构，将煤气灶的效果表现完整，完成绘制。

5.4 个护健康用品

5.4.1 剃须刀

□范例

01 用蓝色彩铅勾勒出剃须刀的大体轮廓,注意透视关系。

02 进一步用蓝色彩铅绘制轮廓,将结构画出来,使得画面有立体感,适当带点色调,为后面上色打下基础。

03 用灰色马克笔绘制阴影部分,注意运笔的方向性,按照透视关系,形体结构和材质属性来上色。

04 用蓝青色马克笔为剃须刀上大体颜色,明确产品的大体颜色,并用黑色勾线笔沿着对象的结构画线,表现产品的立体感。

05 进一步上色,表现对象整体的颜色关系,深入表现产品的特点,注意留白,颜色要透明。

06 进一步用与马克笔颜色相近的彩铅上色，拉开层次关系，刻画细节，深入表现剃须刀的特点。

07 加重暗部的颜色，充分表现产品的形体质感特点，用白色签字笔和彩铅绘制亮部和高光部分，注意整体关系。

08 进一步深入细节绘制，将细部结构表现完整，色彩要协调统一。

09 调整并完善画面效果，为剃须刀画上按钮，丰富画面，将画面效果表现完整，完成绘制。

5.4.2 按摩器

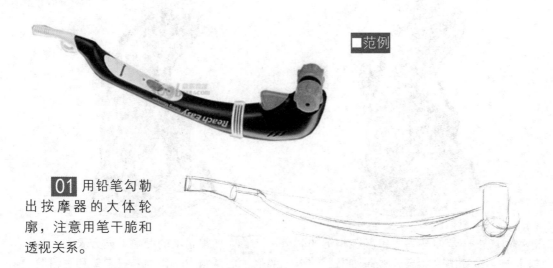

01 用铅笔勾勒出按摩器的大体轮廓，注意用笔干脆和透视关系。

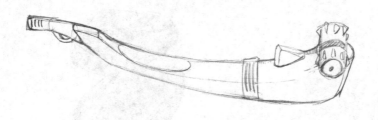

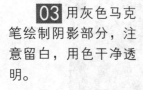

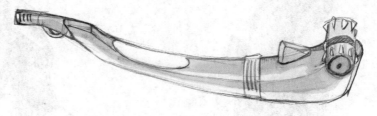

02 进一步用铅笔绘制轮廓和细节，注意形体的把握，可以适当带点色调，拉开明暗关系，为后面上色做准备。

03 用灰色马克笔绘制阴影部分，注意留白，用色干净透明。

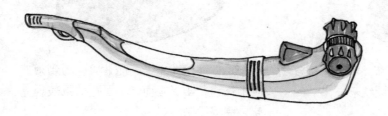

04 用黑色勾线笔沿着铅笔稿勾勒出按摩器的轮廓，用绿色马克笔为产品上色，丰富色彩关系。

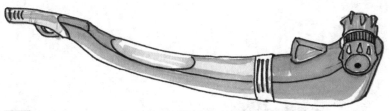

05 用稍微深点的灰色马克笔铺出按摩器的大体颜色，注意拉开侧面和正面的颜色层次。

06 进一步上色，深入表现按摩器的特点，用同色系的颜色加深暗部，加强画面的对比关系，注意整体颜色统一和留白。

07 绘制细节部分，这里可以用到的是白色签字笔和彩铅，注意高光和亮部的绘制，完善细节部分。

08 调整并完善按摩器的效果，增加细节，丰富画面层次，用 0.8 号黑色勾线笔加粗暗部的线条，立体感强烈，将画面表现完整，完成绘制。

5.4.3 按摩椅

■范例

01 用蓝色彩铅勾勒出按摩椅的大体轮廓，注意线条的简单干脆，注意透视关系。

02 用蓝色彩铅绘制按摩椅轮廓，时刻注意形体关系，将阴影部分画出来，拉开明暗关系。

03 用灰色马克笔沿着彩铅绘制的阴影上色，拉开层次关系，为后面的上色打下基础。

04 用深灰色马克笔沿着产品的结构上出大体颜色，色彩要协调统一，笔触应灵活概括，用颜色表现造型结构，突出造型特点，注意笔触运用。

05 用黑色马克笔进一步上色，丰富颜色关系，在刻画细节的同时，统一整体效果，深入表现产品的特点。

06 进一步上色，表现产品的形体结构及质感特点，注意大体颜色的关系。

07 用白色签字笔绘制细节部分，将亮部绘制出来，用笔准确，轻松，把按摩椅那种软皮材质的感觉画出来。

08 进一步绘制细节部分，丰富画面，要注意把握好产品的颜色和材质特征。

09 进一步拉开产品的颜色层次，并加深投影部分，完善细节部分。

10 调整并完善按摩椅的效果，进一步的表现按摩椅的结构特点，深入刻画细节结构，将按摩椅的效果表现完整，完成绘制。

5.4.4 血压计

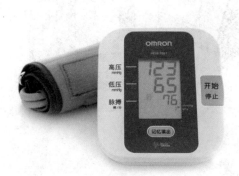

■范例

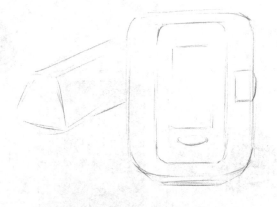

01 用蓝色彩铅绘制大概轮廓，注意透视关系。

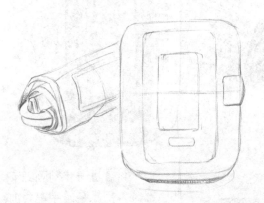

02 进一步用彩铅勾勒轮廓，注意用线要流畅，结构要清晰。

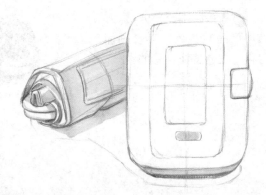

03 用灰色马克笔为血压计上阴影部分，拉开明暗关系，为后面上色打下基础。

04 用蓝紫色马克笔和棕色马克笔分别为产品上色，注意整体颜色要有透明感，以便于后期深入刻画。用黑色勾线笔沿着彩铅稿勾勒，注意用笔干脆不拖沓。

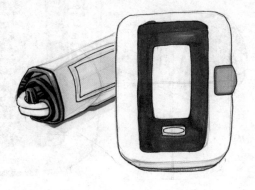

05 用深灰色加深暗部与投影部分，在增强明暗对比的同时，调整画面的整体关系。

06 绘制细节部分，深入表现产品的特点，丰富画面内容，注意整体色彩的统一。

07 进一步刻画细节部分，用黑色签字笔为血压计画上标示，进一步体现血压计的特点。

08 调整并完善产品的效果，用粗的黑色勾线笔加深暗部的线条，增强画面的立体感和虚实对比，将画面表现完整，完成绘制。

5.4.5 血糖仪

■范例

01 用蓝色彩铅勾勒出血糖仪的大体轮廓，画出辅助线，对后面的形体把握有帮助。

02 进一步用蓝色彩铅绘制按摩椅轮廓，注意线条要简练概括，透视要准确，结构要清晰，适当画出产品阴影。

03 用灰色马克笔为血糖仪阴影部分上色，拉开明暗关系，注意颜色要有透明感，以便于后期深入刻画。

04 沿着产品结构进一步上色，表现出结构特点，加重阴影部分的绘制，增强产品的颜色对比。

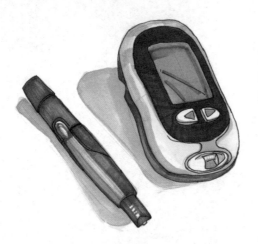

05 用红色马克笔和灰色马克笔为血糖仪画出大体颜色，概括出产品的结构特点，为下一步深入表现产品特点做准备。

06 绘制细节部分，用白色签字笔来表现高光和产品厚度，丰富画面内容。

07 进一步绘制细节部分，加深暗部的绘制，完善细节，将画面表现完整，深入表现血糖仪的特点。

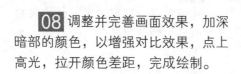

08 调整并完善画面效果，加深暗部的颜色，以增强对比效果，点上高光，拉开颜色差距，完成绘制。

5.5 五金家装

5.5.1 电钻

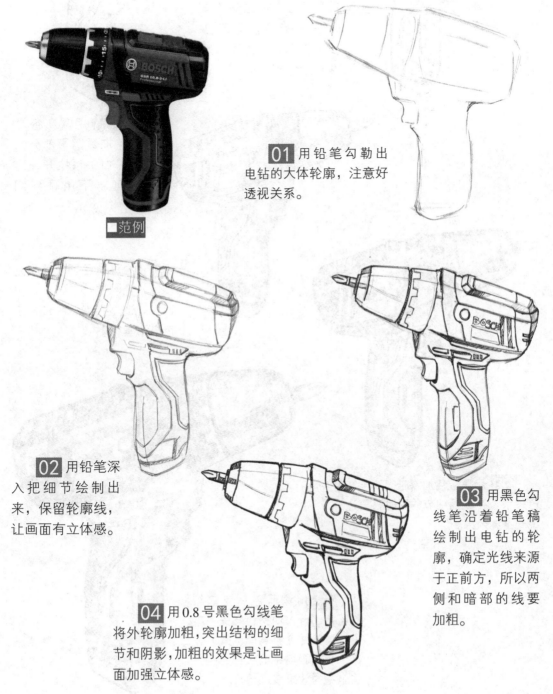

■范例

01 用铅笔勾勒出电钻的大体轮廓，注意好透视关系。

02 用铅笔深入把细节绘制出来，保留轮廓线，让画面有立体感。

03 用黑色勾线笔沿着铅笔稿绘制出电钻的轮廓，确定光线来源于正前方，所以两侧和暗部的线要加粗。

04 用0.8号黑色勾线笔将外轮廓加粗，突出结构的细节和阴影，加粗的效果是让画面加强立体感。

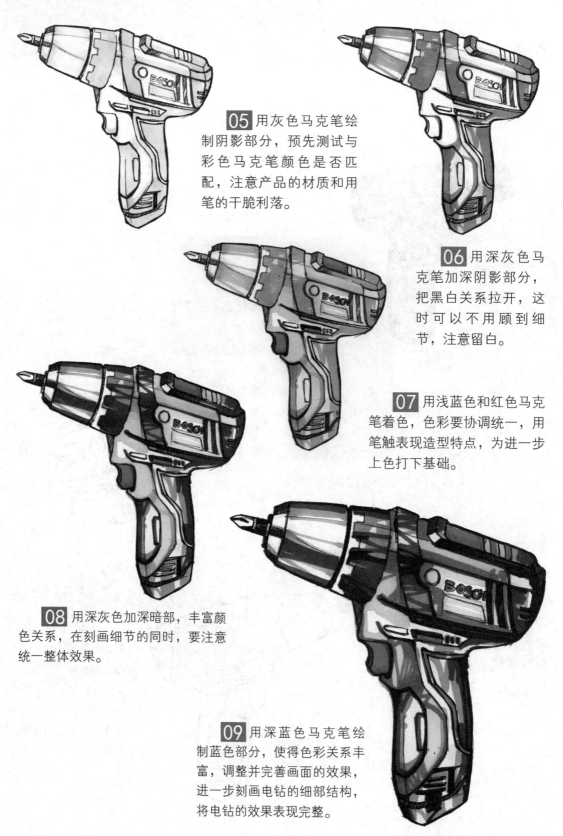

05 用灰色马克笔绘制阴影部分，预先测试与彩色马克笔颜色是否匹配，注意产品的材质和用笔的干脆利落。

06 用深灰色马克笔加深阴影部分，把黑白关系拉开，这时可以不用顾到细节，注意留白。

07 用浅蓝色和红色马克笔着色，色彩要协调统一，用笔触表现造型特点，为进一步上色打下基础。

08 用深灰色加深暗部，丰富颜色关系，在刻画细节的同时，要注意统一整体效果。

09 用深蓝色马克笔绘制蓝色部分，使得色彩关系丰富，调整并完善画面的效果，进一步刻画电钻的细部结构，将电钻的效果表现完整。

5.5.2 电锤

■范例

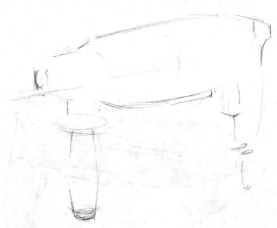

01 用铅笔勾勒出电锤的大体轮廓，注意好透视关系。

02 用铅笔绘制电锤的细节部分，因为电锤的结构比较复杂，所以绘制的过程会比较长，注意产品结构。

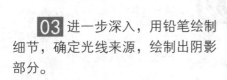
03 进一步深入，用铅笔绘制细节，确定光线来源，绘制出阴影部分。

04 光源来自于右上方，所以左面和暗部的线条加粗，为后面的上色打好基础，这时候可以换一支较粗的铅笔。

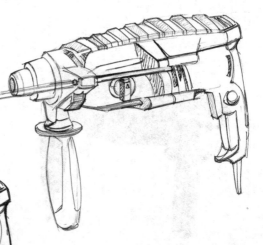

05 用黑色勾线笔沿着铅笔稿绘制出电锤的轮廓。

06 用灰色马克笔绘制阴影，预先测试与彩色马克笔颜色是否匹配，注意电锤的材质与用笔的干脆与利落。

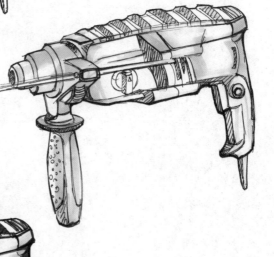

07 用深灰色马克笔进一步上色，加深暗部，拉开黑白关系，统一整体的效果。

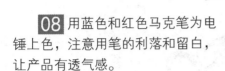

08 用蓝色和红色马克笔为电锤上色，注意用笔的利落和留白，让产品有透气感。

09 进一步上色，用深灰色马克笔加深暗部，丰富色彩关系，这时候要注意细节的把握。

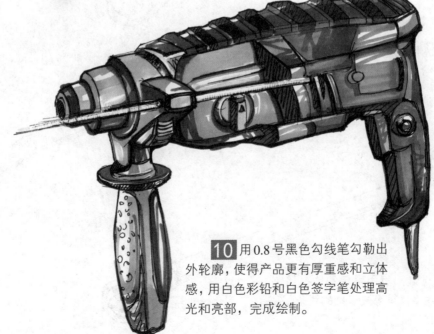

10 用 0.8 号黑色勾线笔勾勒出外轮廓，使得产品更有厚重感和立体感，用白色彩铅和白色签字笔处理高光和亮部，完成绘制。

5.5.3 梅花扳手

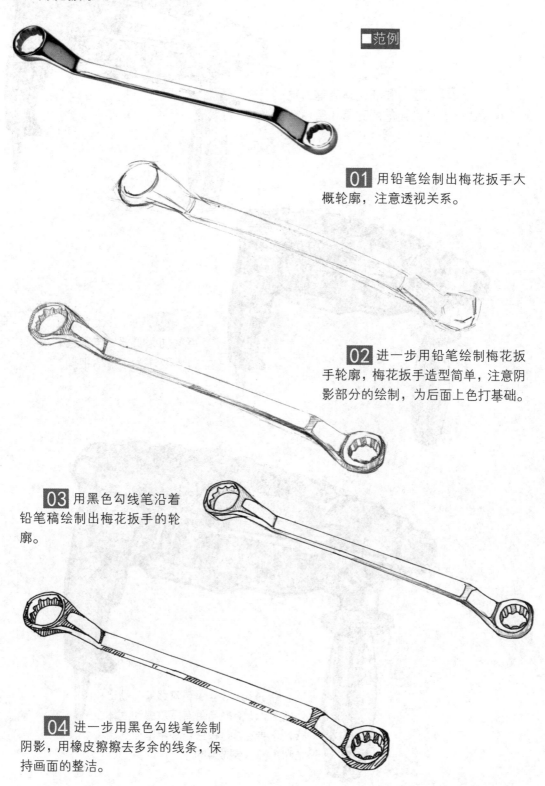

■范例

01 用铅笔绘制出梅花扳手大概轮廓，注意透视关系。

02 进一步用铅笔绘制梅花扳手轮廓，梅花扳手造型简单，注意阴影部分的绘制，为后面上色打基础。

03 用黑色勾线笔沿着铅笔稿绘制出梅花扳手的轮廓。

04 进一步用黑色勾线笔绘制阴影，用橡皮擦擦去多余的线条，保持画面的整洁。

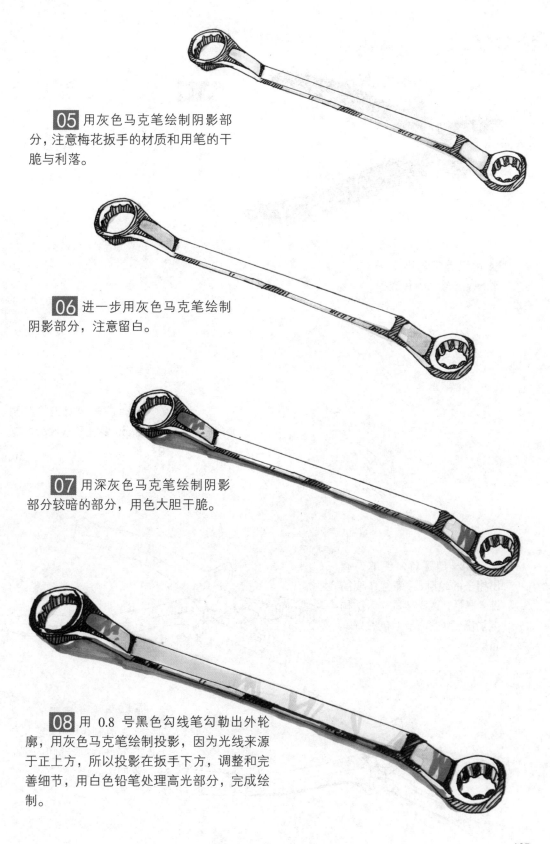

05 用灰色马克笔绘制阴影部分，注意梅花扳手的材质和用笔的干脆与利落。

06 进一步用灰色马克笔绘制阴影部分，注意留白。

07 用深灰色马克笔绘制阴影部分较暗的部分，用色大胆干脆。

08 用 0.8 号黑色勾线笔勾勒出外轮廓，用灰色马克笔绘制投影，因为光线来源于正上方，所以投影在扳手下方，调整和完善细节，用白色铅笔处理高光部分，完成绘制。

5.5.4 钳子

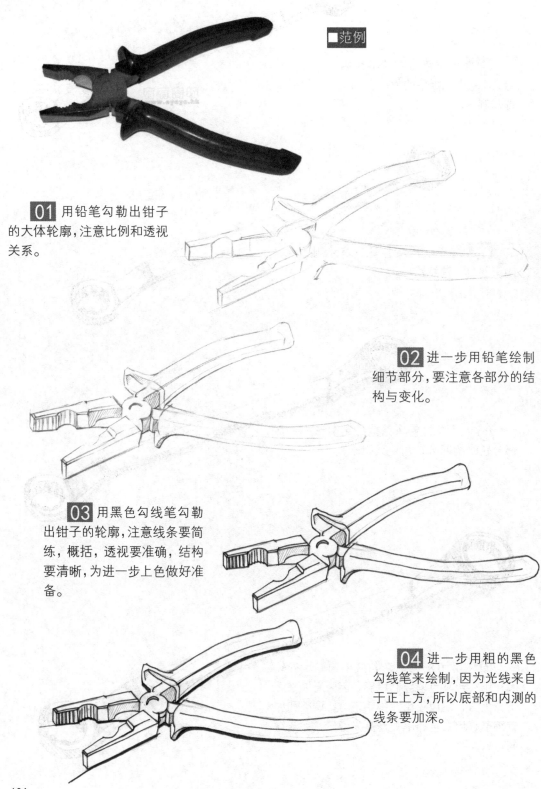

□范例

01 用铅笔勾勒出钳子的大体轮廓,注意比例和透视关系。

02 进一步用铅笔绘制细节部分,要注意各部分的结构与变化。

03 用黑色勾线笔勾勒出钳子的轮廓,注意线条要简练,概括,透视要准确,结构要清晰,为进一步上色做好准备。

04 进一步用粗的黑色勾线笔来绘制,因为光线来自于正上方,所以底部和内测的线条要加深。

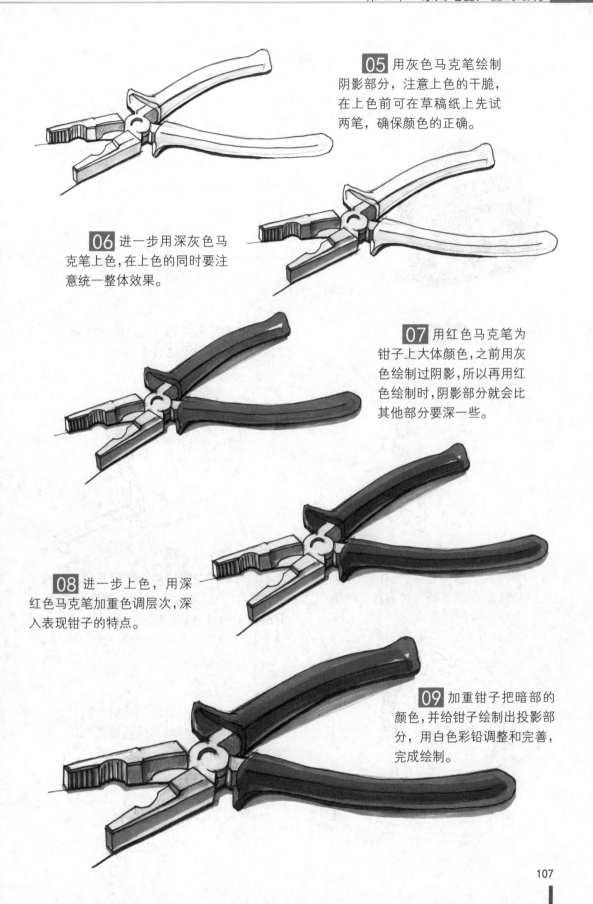

05 用灰色马克笔绘制阴影部分，注意上色的干脆，在上色前可在草稿纸上先试两笔，确保颜色的正确。

06 进一步用深灰色马克笔上色，在上色的同时要注意统一整体效果。

07 用红色马克笔为钳子上大体颜色，之前用灰色绘制过阴影，所以再用红色绘制时，阴影部分就会比其他部分要深一些。

08 进一步上色，用深红色马克笔加重色调层次，深入表现钳子的特点。

09 加重钳子把暗部的颜色，并给钳子绘制出投影部分，用白色彩铅调整和完善，完成绘制。

5.5.5 卷尺

■范例

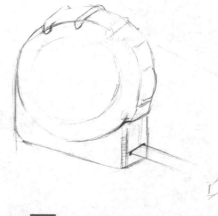

01 用铅笔勾勒出卷尺的大体轮廓，注意透视关系与用笔的干脆。

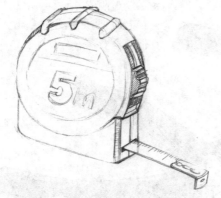

02 进一步用铅笔绘制细节部分，要绘制清楚，为后面的勾轮廓打下基础。

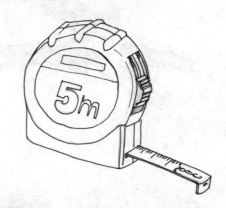

03 用黑色勾线笔沿着铅笔稿绘制轮廓，值得注意的是，不要小心翼翼地描摹，会缺乏手绘特色，用笔干净利落。

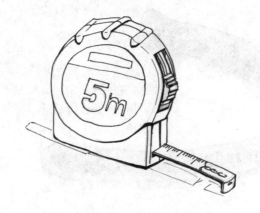

04 进一步用黑色勾线笔绘制轮廓，注意光线来源，阴影部分的线要加粗，绘制投影。

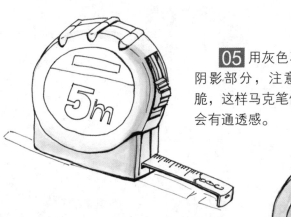

05 用灰色马克笔绘制阴影部分，注意用笔的干脆，这样马克笔使用起来就会有通透感。

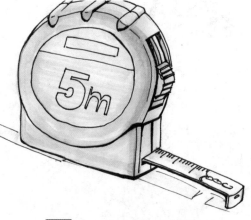

06 上完阴影色后，其他的颜色也要跟上来，用浅色马克笔绘制卷尺大体颜色。

07 进一步上色，进一步确定形体，拉开关系，丰富颜色，适当留白，深入表现卷尺的特点。

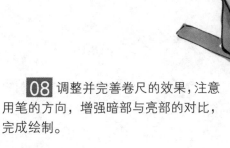

08 调整并完善卷尺的效果，注意用笔的方向，增强暗部与亮部的对比，完成绘制。

5.5.6 龙头

□范例

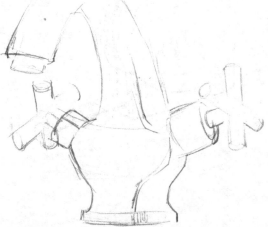

01 用铅笔绘制龙头大体轮廓,注意大体透视关系。

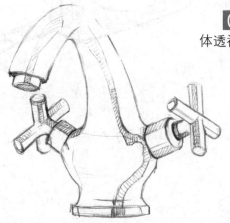

02 进一步用铅笔绘制龙头细节部分,并把阴影部分绘制出来,为后面上色打下基础。

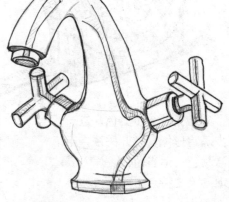

03 用黑色勾线笔沿铅笔草稿画出线条,注意线条要简练概括,透视要准确,整体要协调,结构要清晰。

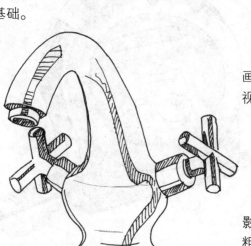

04 进一步用黑色勾线笔绘制阴影部分,阴影部分的线条要适当加粗。

05 用灰色马克笔为龙头绘制阴影部分。

06 进一步用深灰色马克笔绘制阴影部分，拉开明暗关系。

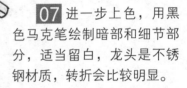

07 进一步上色，用黑色马克笔绘制暗部和细节部分，适当留白，龙头是不锈钢材质，转折会比较明显。

08 深入表现龙头的结构和质感特点，用深灰色绘制投影部分，注意用笔的干脆与利落

09 调整并完善画面效果，并画出龙头的背景，将画面表现完整，完成绘制。

5.5.7 插座

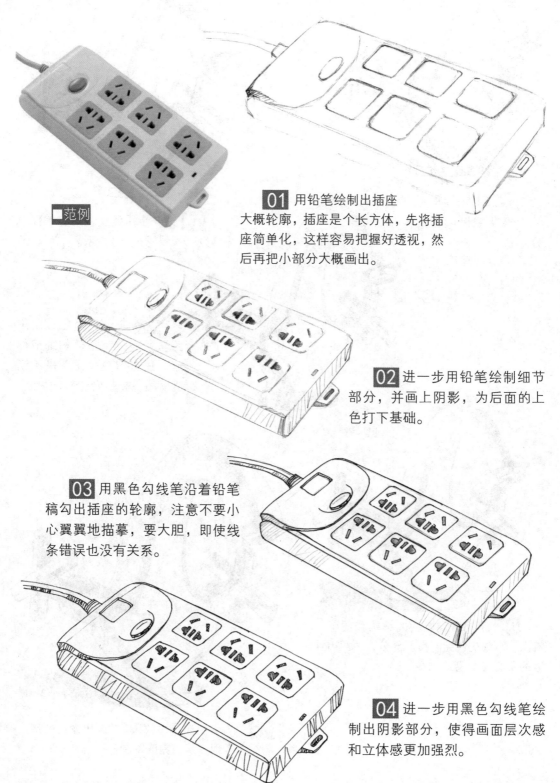

■范例

01 用铅笔绘制出插座大概轮廓，插座是个长方体，先将插座简单化，这样容易把握好透视，然后再把小部分大概画出。

02 进一步用铅笔绘制细节部分，并画上阴影，为后面的上色打下基础。

03 用黑色勾线笔沿着铅笔稿勾出插座的轮廓，注意不要小心翼翼地描摹，要大胆，即使线条错误也没有关系。

04 进一步用黑色勾线笔绘制出阴影部分，使得画面层次感和立体感更加强烈。

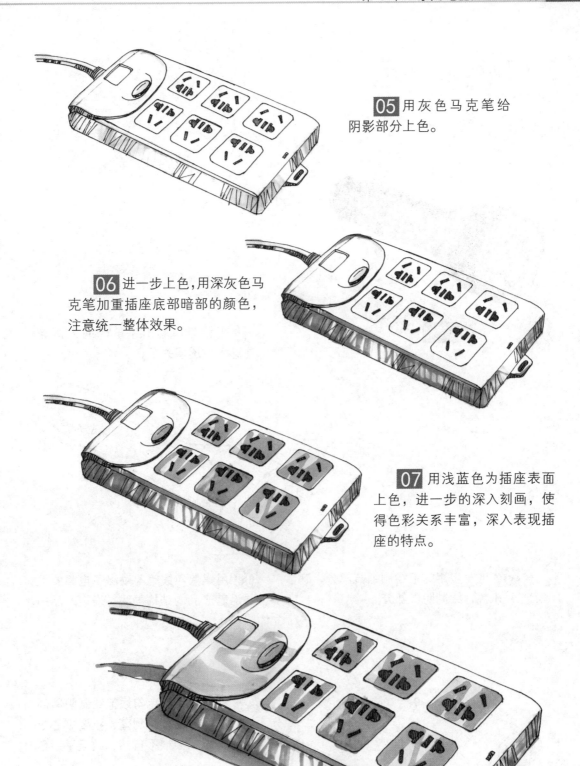

05 用灰色马克笔给阴影部分上色。

06 进一步上色,用深灰色马克笔加重插座底部暗部的颜色,注意统一整体效果。

07 用浅蓝色为插座表面上色,进一步的深入刻画,使得色彩关系丰富,深入表现插座的特点。

08 调整并完善整体的效果,加强画面的对比关系,完成绘制。

5.5.8 手电筒

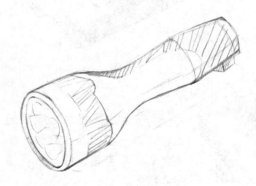

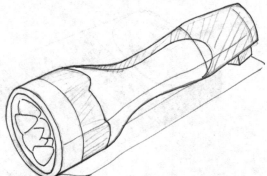

■范例

01 用铅笔勾勒出手电筒的大体轮廓，注意大体透视关系。

02 进一步用铅笔绘制细节部分，确定光线来源，绘制阴影部分。

03 用黑色勾线笔勾勒出手电筒的轮廓，并沿着产品的结构画线，表现产品的立体感。

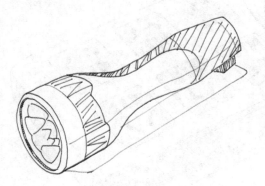

04 进一步用黑色勾线笔绘制阴影部分，这时候用笔要干脆利落，不要小心翼翼，这样看起来会很不自然，缺乏手绘色彩。

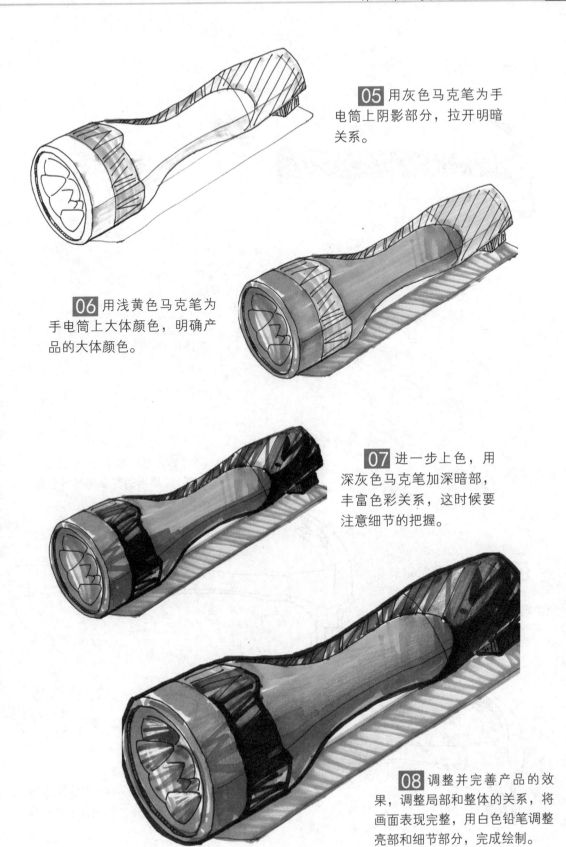

05 用灰色马克笔为手电筒上阴影部分，拉开明暗关系。

06 用浅黄色马克笔为手电筒上大体颜色，明确产品的大体颜色。

07 进一步上色，用深灰色马克笔加深暗部，丰富色彩关系，这时候要注意细节的把握。

08 调整并完善产品的效果，调整局部和整体的关系，将画面表现完整，用白色铅笔调整亮部和细节部分，完成绘制。

5.5.9 锤子

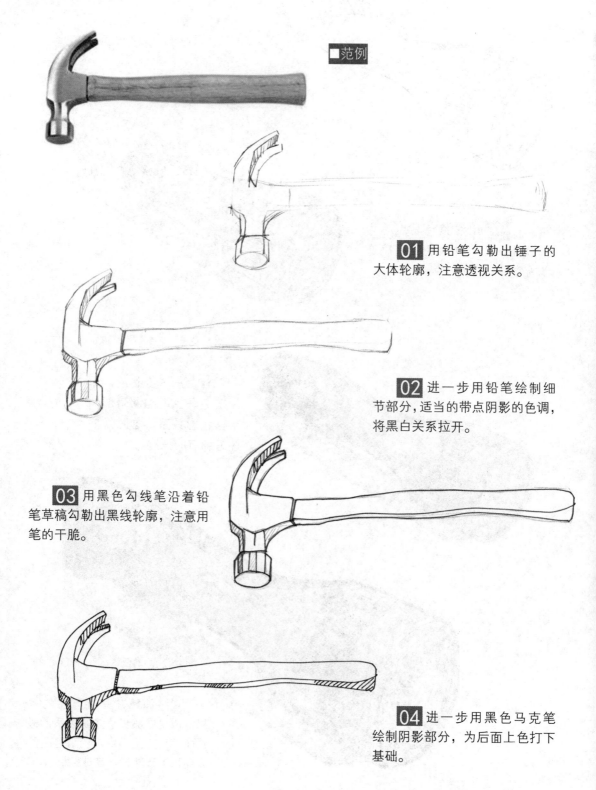

■范例

01 用铅笔勾勒出锤子的大体轮廓，注意透视关系。

02 进一步用铅笔绘制细节部分，适当的带点阴影的色调，将黑白关系拉开。

03 用黑色勾线笔沿着铅笔草稿勾勒出黑线轮廓，注意用笔的干脆。

04 进一步用黑色马克笔绘制阴影部分，为后面上色打下基础。

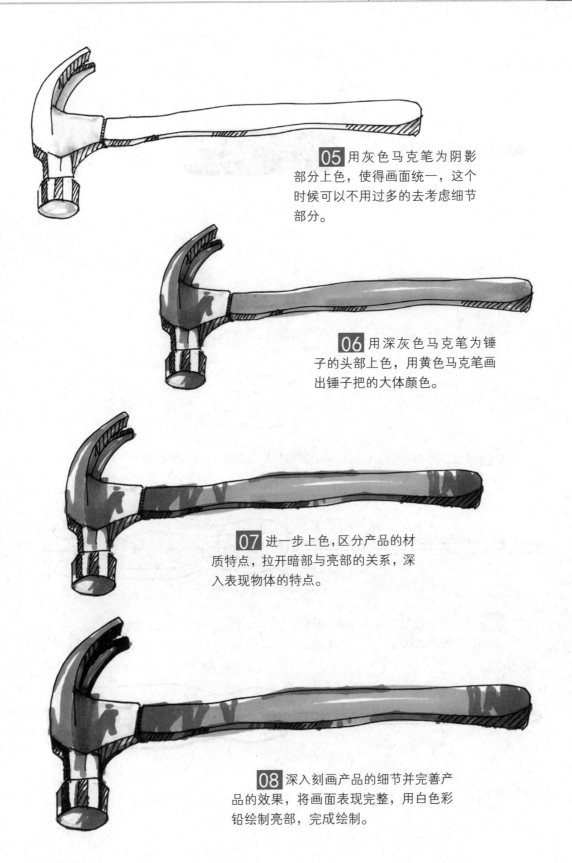

05 用灰色马克笔为阴影部分上色，使得画面统一，这个时候可以不用过多的去考虑细节部分。

06 用深灰色马克笔为锤子的头部上色，用黄色马克笔画出锤子把的大体颜色。

07 进一步上色，区分产品的材质特点，拉开暗部与亮部的关系，深入表现物体的特点。

08 深入刻画产品的细节并完善产品的效果，将画面表现完整，用白色彩铅绘制亮部，完成绘制。

5.5.10 螺钉旋具

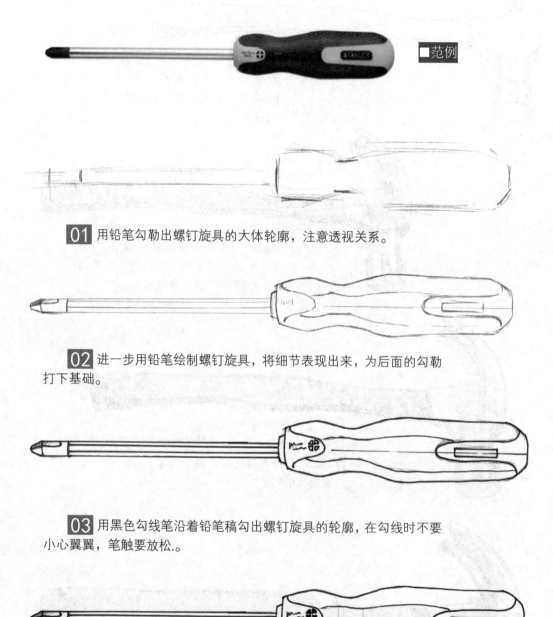

□范例

01 用铅笔勾勒出螺钉旋具的大体轮廓，注意透视关系。

02 进一步用铅笔绘制螺钉旋具，将细节表现出来，为后面的勾勒打下基础。

03 用黑色勾线笔沿着铅笔稿勾出螺钉旋具的轮廓，在勾线时不要小心翼翼，笔触要放松.。

04 进一步用黑色勾线笔勾线，明暗处理得当，画面要整洁，暗部线条加粗。

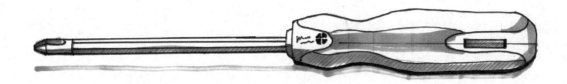

05 用灰色马克笔按照绘制轮廓时绘制的阴影上色，绘制投影，拉开黑白关系。

06 用黄色马克笔为螺钉旋具上色，进一步的拉开颜色层次关系。

07 用深灰色马克笔绘制螺钉旋具空白部分，注意统一整体关系和用笔的干脆。进一步上色，用黑色马克笔细小的部分来绘制螺钉旋具的细节部分，注意不要画脏画乱。

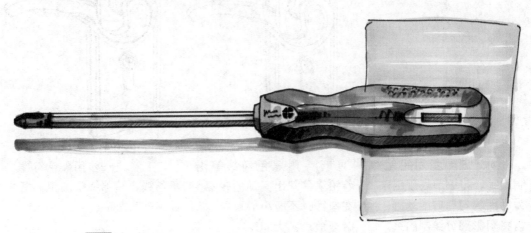

08 深入调整并画一些背景，将画面表现完整，完成绘制。

5.5.11 门锁

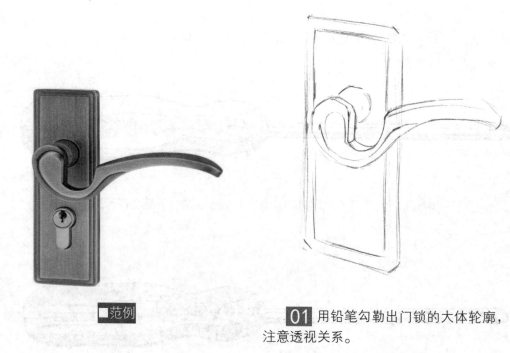

■范例

01 用铅笔勾勒出门锁的大体轮廓，注意透视关系。

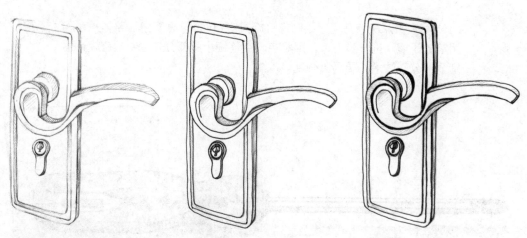

02 进一步用铅笔绘制门锁，将细节表现出来，为后面的勾勒打下基础，适当将阴影部分绘制出来。

03 用黑色勾线笔沿着铅笔稿勾出门锁的轮廓，在勾线时不要小心翼翼，笔触要放松、大胆。

04 进一步用黑色勾线笔勾线，暗部线条加粗，将门锁绘制完整。

05 用灰色马克笔沿着门锁结构上出门锁的大体颜色，将颜色层次拉开。

06 用深灰色马克笔进一步上色，绘制阴影部分，注意统一整体关系和用笔的干脆。

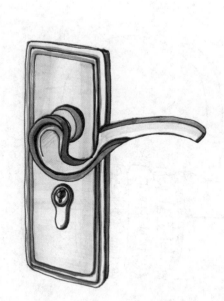

07 进一步上色，用深灰色马克笔加深暗部，丰富色彩关系，这时候要注意细节的把握。

08 调整并完善门锁的效果，进一步刻画细部特点，将画面表现完整，然后用0.8号黑色勾线笔将外轮廓绘制，使得产品更有立体感和表现力。

5.5.12 密码锁

□范例

01 用铅笔绘制密码锁大体轮廓，注意大体透视关系。

02 进一步用铅笔绘制龙头细节部分，并把阴影部分和数字密码绘制出来，为后面上色打下基础。

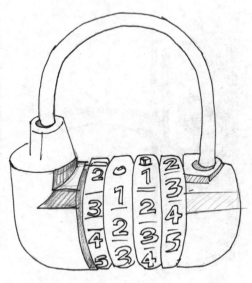

03 用黑色勾线笔沿铅笔草稿画出线条，注意线条要简练概括，透视要准确，整体要协调，结构要清晰。

04 进一步用黑色马克笔绘制，加深暗部的线条，拉开黑白关系。

05 用灰色马克笔绘制阴影部分，统一整体关系，这个时候可以不用管那些小细节。

06 用紫色、蓝色、黄色、肉色、绿色马克笔给密码锁上大体颜色，用笔干脆利落，适当留白。

07 进一步上色，用深度紫色马克笔加深暗部，丰富色彩关系，拉开色调层次，注意细节的把握。

08 进一步深入，绘制细节部分，在上色时马克笔的运用要灵活。

09 调整并完善画面，根据密码锁铁的材质，所以会反光，用红色、紫色、黄色、绿色、蓝色彩铅绘制反光色，使得画面效果完整。完成绘制。

5.6　灯具

5.6.1　台灯

■范例

01 用蓝色彩铅勾勒出台灯的大体轮廓。注意透视关系以及内部结构，画出辅助线，为后面画轮廓打下基础。

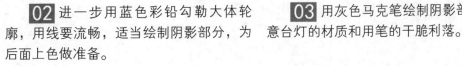

02 进一步用蓝色彩铅勾勒大体轮廓，用线要流畅，适当绘制阴影部分，为后面上色做准备。

03 用灰色马克笔绘制阴影部分，注意台灯的材质和用笔的干脆利落。

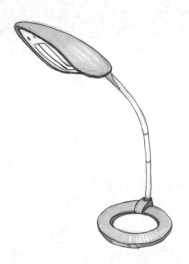

04 把握好产品的色彩和材质特征，用绿色马克笔为产品上色，表现出产品的整体色彩关系。

05 沿着台灯的结构进一步上色，加深暗部的绘制，并完善大体颜色的效果，为后面细节绘制做准备。

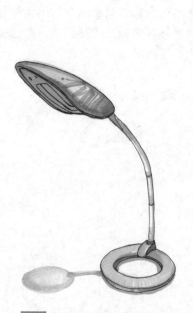
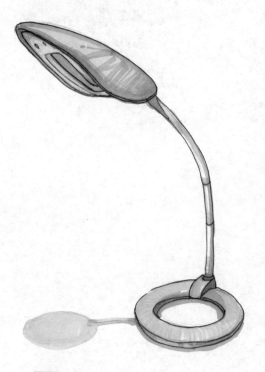

06 用灰色马克笔绘制阴影部分，绘制细节部分，丰富画面层次。

07 调整并完善台灯的效果，加强画面的层次关系，完善细节部分，将画面表现完整，完成绘制。

5.6.2 吊灯

□范例

01 用蓝色彩铅大概勾勒出吊灯的外轮廓，注意透视关系，画好辅助线，为后面进一步的勾勒做好准备。

02 进一步用蓝色彩铅绘制产品轮廓，绘制细节部分，适当可以带些色调，拉开明暗关系。

03 用灰色马克笔绘制阴影部分，颜色层次分明，为后面上色做准备。

04 用深棕色马克笔沿着吊灯的结构为其上色,增强产品的颜色对比。

05 用浅黄色马克笔为吊灯上大体颜色,注意整体的色彩统一与用色的干净透明。

06 进一步上色,将产品颜色进一步完善,统一整体色调,深入表现吊灯的特点,用黑色勾线笔沿着轮廓勾勒形体。

07 绘制细节部分,用白色签字笔绘制高光,这里小细节比较多,所以要耐心地画。

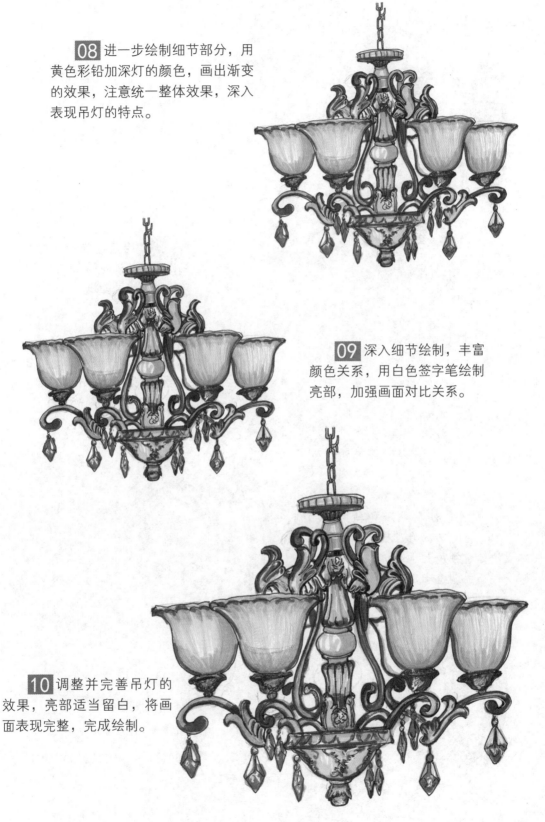

08 进一步绘制细节部分，用黄色彩铅加深灯的颜色，画出渐变的效果，注意统一整体效果，深入表现吊灯的特点。

09 深入细节绘制，丰富颜色关系，用白色签字笔绘制亮部，加强画面对比关系。

10 调整并完善吊灯的效果，亮部适当留白，将画面表现完整，完成绘制。

5.6.3 壁灯

■范例

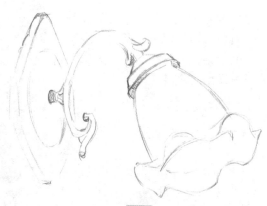

01 用蓝色彩铅大概勾勒出壁灯的外轮廓，注意透视关系，画出辅助线。

02 进一步用蓝色彩铅绘制轮廓，将细节也表现出来，注意线条要简练概括，结构要清晰，适当画些阴影，为后面上色做准备。

03 用灰色马克笔绘制阴影部分，拉开明暗关系，颜色要干净透明，色彩要协调统一。

04 进一步用深灰色上色，深入表现壁灯的特点，注意留白和整体颜色的统一。

05 沿着产品的结构用棕色马克笔为壁灯上大体颜色，从整体入手，进一步加重壁灯的颜色，拉开色调的层次。

06 用黄色和橘黄色彩铅绘制灯光部分，因为光线很柔和，所以注意线条要有虚实明暗关系。

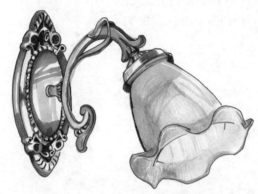

07 绘制细节部分，用金色的彩铅绘制亮部，体现出金属的感觉，深入表现壁灯的造型结构特点。

08 调整并完善壁灯整体效果，深入绘制细节，加深暗部的颜色，以增强对比效果，点上高光，拉开颜色差距，将画面表现完整，完成绘制。

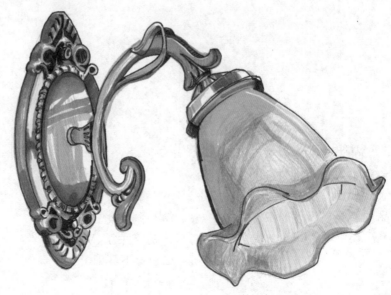

5.6.4 落地灯

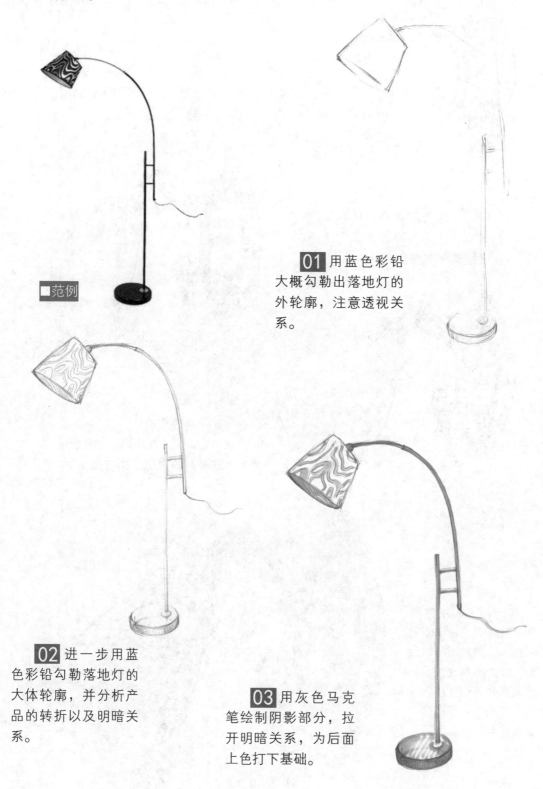

■范例

01 用蓝色彩铅大概勾勒出落地灯的外轮廓，注意透视关系。

02 进一步用蓝色彩铅勾勒落地灯的大体轮廓，并分析产品的转折以及明暗关系。

03 用灰色马克笔绘制阴影部分，拉开明暗关系，为后面上色打下基础。

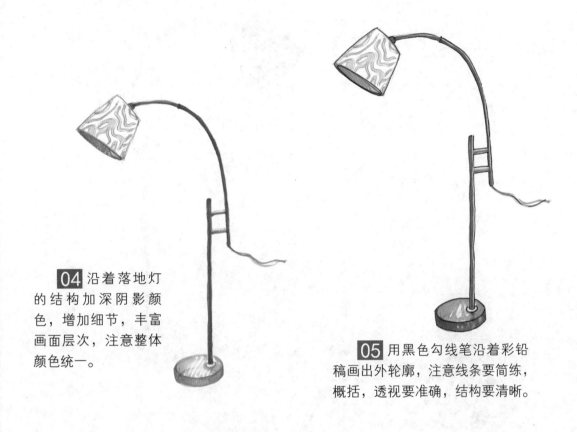

04 沿着落地灯的结构加深阴影颜色，增加细节，丰富画面层次，注意整体颜色统一。

05 用黑色勾线笔沿着彩铅稿画出外轮廓，注意线条要简练，概括，透视要准确，结构要清晰。

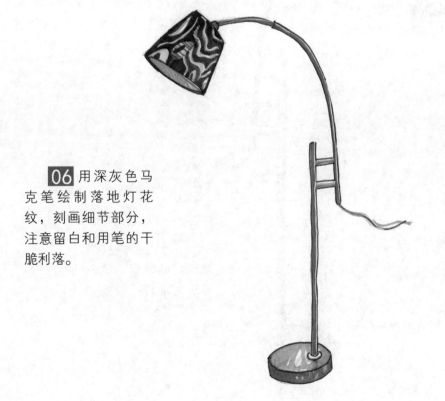

06 用深灰色马克笔绘制落地灯花纹，刻画细节部分，注意留白和用笔的干脆利落。

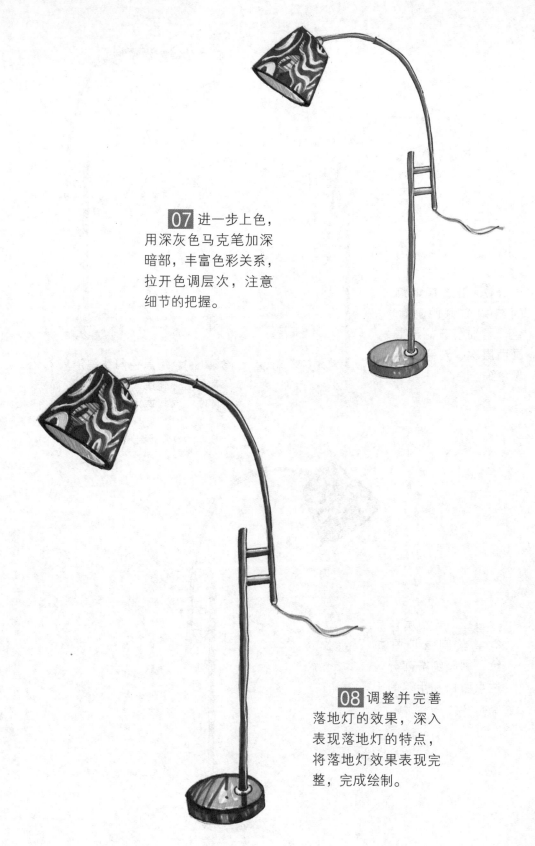

07 进一步上色，
用深灰色马克笔加深
暗部，丰富色彩关系，
拉开色调层次，注意
细节的把握。

08 调整并完善
落地灯的效果，深入
表现落地灯的特点，
将落地灯效果表现完
整，完成绘制。

第 6 章

计算机办公产品的绘制

随着社会的进步，尤其是电子商务的出现，越来越多的数字化产品已成为我们生活的必需品。

本章主要介绍了计算机、计算机配件和外设产品的设计手绘表现。

6.1 计算机整机

6.1.1 笔记本

■范例

01 用铅笔大概勾出笔记本的轮廓，注意透视关系。

02 用蓝色彩铅进一步绘制轮廓，深入细节绘制，在绘制过程中，可以画辅助线来确定形体的准确，适当带点阴影，为后面上色打下基础。

03 用灰色马克笔绘制阴影部分，拉开明暗关系，为后面上色做准备，注意用笔干净利落，透明。

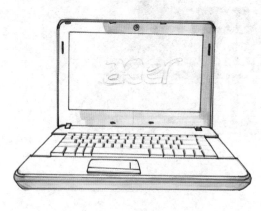

04 用黑色勾线笔沿着之前的彩铅线稿，勾勒出笔记本的轮廓，线条要流畅。

05 用深度灰色马克笔给笔记本上大体颜色，明确色彩关系，注意颜色明暗的过渡。

06 绘制键盘部分，键盘部分要绘制的比较细，这样笔记本的感觉才会体现出来，注意用笔的方法和留白。

07 进一步上色，用蓝色和深蓝色马克笔绘制计算机桌面，用黑色马克笔深入表现笔记本的结构特点，注意用笔要灵活，要保持画面轻松，明快的特点。

08 深入刻画产品的细节，用白色签字笔点上高光，完善笔记本的结构特点，注意整体色彩的统一。

09 调整画面效果，完善细节部分，将画面表现完整，并画上投影，加强明暗对比关系，整理画面，完成绘制。

6.1.2 平板

■范例

01 用铅笔画出一个长方形,勾出平板的大体轮廓。

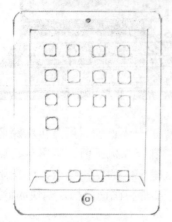

02 进一步用铅笔绘制轮廓,画出辅助线,这里可以借用直尺来绘制线条。

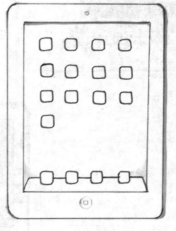

03 用黑色勾线笔勾勒出平板的轮廓,注意细节的表达,并用橡皮擦去铅笔底线,适当画些阴影,为后面上色做铺垫。

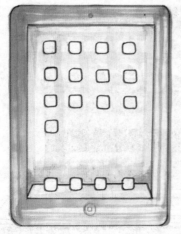

04 用灰色马克笔沿着产品的结构画出产品的大体颜色,为进一步深入表现打下基础,注意用笔的干脆。

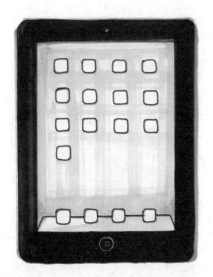

05 进一步上色，用黑色马克笔绘制平板轮廓边的颜色，注意统一整体色彩关系。

06 绘制图标，用彩铅绘制各个图标，用白色签字笔绘制按钮部分。

07 进一步上色，用灰色马克笔和彩铅绘制平板桌面，深入表现平板的特点，注意产品的材质特点和留白。

08 调整画面效果，用黑色勾线笔勾勒外轮廓，并完善细节绘制，将画面效果表现完整，完成绘制。

6.1.3 台式机

■范例

01 用蓝色彩铅勾勒出台式机的大体轮廓，注意透视关系。

02 进一步用蓝色铅笔绘制细节部分，注意线条的虚实变化，注意透视要准确，要将产品表现到位。

03 用灰色马克笔画出台式机的阴影部分，拉开黑白关系，注意颜色要干净透明，用笔触表现造型特点。

04 用黑色马克笔加深阴影颜色，用黑色勾线笔沿着之前的线稿勾勒外轮廓，笔触要自然流畅。

05 用蓝色彩铅绘制计算机桌面，绘制细节部分，进一步上色，注意整体明暗关系。

06 进一步用彩铅绘制计算机桌面，用笔要果断，深入表现台式机的特点。

07 用蓝色马克笔为台式机桌面上色，完善桌面细节部分，进一步拉开层次关系，注意要统一整体色彩关系。

08 调整画面效果，用灰色马克笔绘制阴影部分，完善细节部分，丰富画面感，将画面表现完整，完成绘制。

6.2 计算机配件

6.2.1 硬盘

□范例

01 用铅笔勾勒出硬盘的大体轮廓，画出一个长方体，注意透视关系。

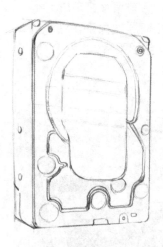

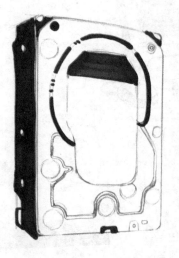

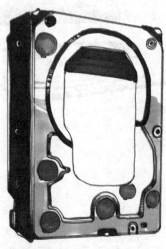

02 沿着长方体，用铅笔进一步深入勾勒硬盘的铅笔稿轮廓，将细节部分也要绘制出来。

03 用黑色马克笔沿着产品结构上出大体颜色，拉开色彩关系，注意留白和用笔的利落。

04 用黑色勾线笔沿着铅笔草稿画出线稿，注意线条要简练概括，透视要准确，整体要协调，结构要清晰。

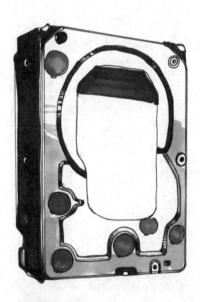

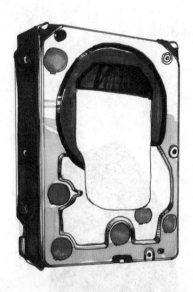

05 进一步铺大体的颜色，用浅灰色马克笔给硬盘上色，深入表现硬盘的结构和质感特点，拉开明暗关系。

06 绘制细节部分，加重暗部颜色，逐步拉开色调的层次，进一步表现硬盘的特点。

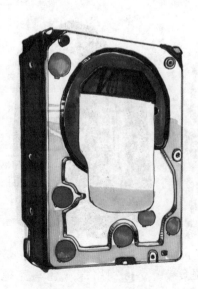

07 用黑色马克笔加粗轮廓，进一步绘制细节，丰富画面层次，注意整体色彩关系。

08 画上一些标示，深入表现产品特点，调整画面效果，完善细节部分，完成绘制。

6.2.2 机箱

■范例

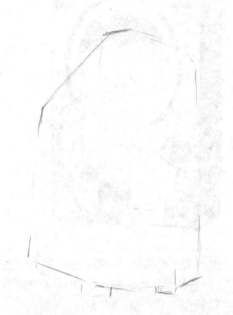

01 用蓝色彩铅勾勒出机箱大体轮廓，画出辅助线，为后面进一步深入做铺垫。

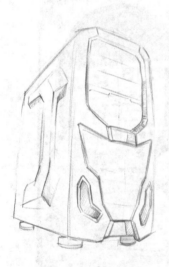

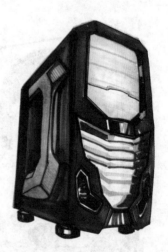

02 进一步用蓝色彩铅沿着之前的轮廓线进行绘制，注意产品比例要适合，并概括表现产品的明暗细节，为上色做准备。

03 用暖灰色马克笔画出阴影部分，拉开明暗关系，注意用笔流畅，用色透明。

04 用深灰色马克笔画出机箱的大体颜色，概括出产品的结构特征，为下一步深入表现机箱的特点做准备。

05 进一步上色，顺着结构运笔，表现物体的结构转折，适当留白，绘制细节部分，机箱细网部分用黑色勾线笔勾画，一些插口部分用白色签字笔和黑色勾线笔绘制完成。

06 进一步绘制细节部分，用绿色马克笔为机箱上色，适当留白，深入表现机箱的特点。

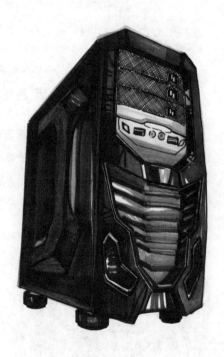

07 用深色马克笔进一步上色，加深暗部，进一步拉开层次关系，完善细节部分。

08 调整并完善画面效果，强调产品的结构转折，加强明暗对比关系，将画面表现完整，完成绘制。

6.2.3 散热器

■范例

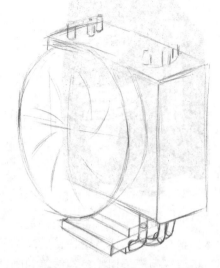

01 用蓝色彩铅绘制大概轮廓，先画个长方体，画上辅助线，为后面进一步勾画做铺垫，注意透视关系。

02 进一步用蓝色彩铅勾勒轮廓，深入细节绘制，注意用线要流畅，结构要清晰。

03 用灰色马克笔为散热器上色，拉开明暗关系，注意整体颜色要有透明感，以便于后期深入刻画。

04 用黑色勾线笔沿着彩铅稿画出线稿，注意线条要简练概括，透视要准确，这里可以借用直尺绘制。

05 用黑色马克笔增强暗部的颜色，在增强明暗对比的同时，调整画面的整体关系，增强虚实对比，深入表现产品的特点。

06 进一步上色，用灰色马克笔将顶部绘制，注意用笔的干脆利落，同时绘制细节部分，用白色签字笔点上高光。

07 深入细节绘制，可以用彩铅和马克笔一起绘制细节，丰富画面色彩，注意整体色彩关系的统一。

08 调整画面效果，完善细节部分，进一步表现散热器的结构特点，将画面表现完整，完成绘制。

6.3 外设产品

6.3.1 鼠标

■范例

01 用蓝色彩铅勾勒出鼠标的大体轮廓，注意透视关系。

02 进一步用蓝色彩铅勾勒轮廓，表现产品的造型特点，适当画些阴影，为后面上色做铺垫。

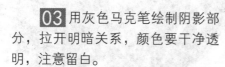

03 用灰色马克笔绘制阴影部分，拉开明暗关系，颜色要干净透明，注意留白。

04 用黑色勾线笔沿着彩铅稿画出线稿，注意线条要简练概括，结构要清晰，为上色做好准备。

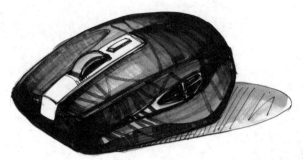

05 用深灰色马克笔为鼠标上出大体颜色，从整体入手，颜色要透明，色彩要协调统一，为进一步上色打下基础。

06 进一步上色，绘制细节部分，用白色彩铅提高颜色亮度，拉开颜色层次关系。

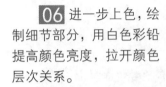

07 进一步深入刻画，用黑色彩铅加重局部颜色，用白色签字笔点上高光，完善细节。

08 调整并完善画面效果，用卫生纸将黑色彩铅部分压一压，将彩铅与马克笔融合在一起，完善细节部分，将画面表现完整，完成绘制。

6.3.2 U 盘

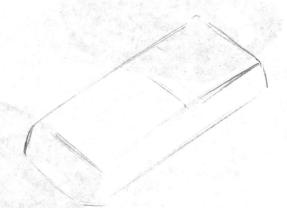

■范例

01 用蓝色彩铅绘制大体轮廓，注意透视关系。

02 用蓝色彩铅进一步绘制大体轮廓，并画出产品细节，给局部增加明暗。

03 用灰色马克笔铺出U 盘的大体颜色，注意拉开侧面和正面的颜色层次。

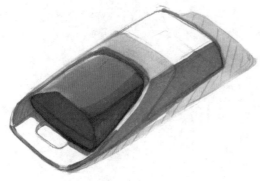

04 进一步上色，用红色马克笔为 U 盘上色，然后刮下朱红色彩铅的色粉，要保证色粉的颜色与马克笔的颜色完全相同，用一张卫生纸或餐巾纸蘸上颜色反复涂抹，逐层添加，最终达到一种平滑的渐变效果，擦出来的色粉可以用橡皮擦去，因为色粉很容易擦掉。

05 用深灰色马克笔为 U 盘上色，注意留白，深入表现 U 盘的特点，用同色系的颜色加重暗部，加强画面的对比关系。

06 用黑色马克笔上色，进一步拉开明暗关系，注意整体色彩统一。

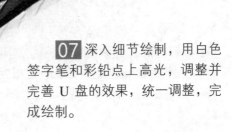

07 深入细节绘制，用白色签字笔和彩铅点上高光，调整并完善 U 盘的效果，统一调整，完成绘制。

6.3.3 摄像头

■范例

01 用蓝色彩铅绘制摄像头大体轮廓，注意透视关系。

02 进一步用蓝色彩铅勾勒轮廓，深入细节绘制，注意形体和透视都要准确，上阴影，拉开黑白关系。

03 用暖灰色马克笔绘制阴影部分，用灰色马克笔概括地表现出摄像头的大体颜色，为进一步上色做好铺垫。

04 用黑色马克笔为摄像头上色，并用黑色马克笔勾勒出摄像头的轮廓，注意线条虚实变化，暗部线条加粗。

05 用黑色马克笔沿着摄像头的结构进一步上色，深入表现摄像头的特点，注意用笔灵活。

06 绘制细节部分，注意产品的材质特点，用黑色马克笔加深暗部，加强明暗关系。

07 深入绘制细节部分，用白色签字笔和彩铅点上高光和绘制亮部，将细节表现完整。

08 调整整体画面效果，并完善细节绘制，丰富画面层次关系，将画面表现完整，完成绘制。

第 7 章

手机数码产品的绘制

　　随着计算机的发展，数字化技术的不断成熟带动了一批数字信息为记载标识的产品，即人们所说的数码产品，常见的数码产品有手机相机，摄像机以及摄像头。本章主要介绍了手机通信、手机配件、摄影摄像、数码配件和时尚影音的设计手绘表现。

7.1　手机通信

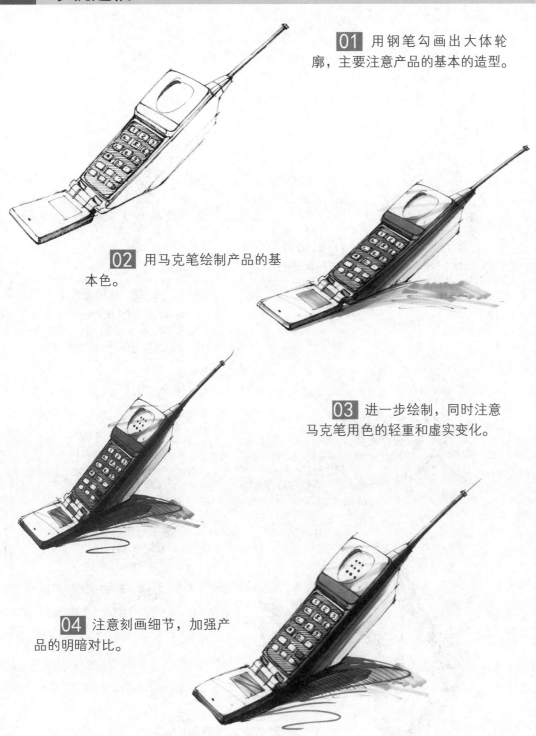

01 用钢笔勾画出大体轮廓，主要注意产品的基本的造型。

02 用马克笔绘制产品的基本色。

03 进一步绘制，同时注意马克笔用色的轻重和虚实变化。

04 注意刻画细节，加强产品的明暗对比。

7.2 手机配件

7.2.1 蓝牙耳机

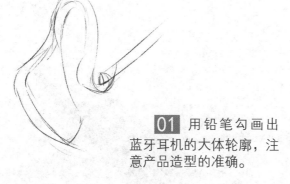

01 用铅笔勾画出蓝牙耳机的大体轮廓，注意产品造型的准确。

02 用炭笔在上一步铅笔稿的基础上绘制出蓝牙耳机的整体结构，同时可以简单地交代出蓝牙耳机的明暗关系。

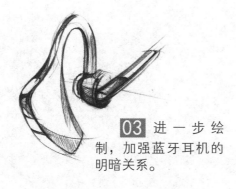

03 进一步绘制，加强蓝牙耳机的明暗关系。

04 用炭笔加强每个结构的明暗交界线和暗部。

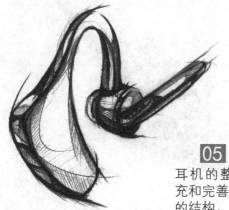

05 用炭笔对蓝牙耳机的整体画面进行补充和完善，注意强化产品的结构。

7.2.2　充电器

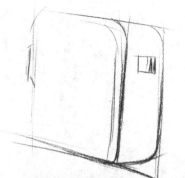

01 用铅笔勾画出充电器的大体轮廓，注意产品造型的准确，刚开始可以忽略充电器的细节。

02 用炭笔在上一步铅笔稿的基础上绘制出充电器的整体结构，同时可以用炭笔简单地交代出充电器的明暗关系。

03 进一步绘制，加强充电器的明暗关系。

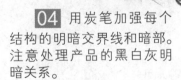

04 用炭笔加强每个结构的明暗交界线和暗部。注意处理产品的黑白灰明暗关系。

05 刻画细节，注意产品标签的处理。同时用炭笔对充电器的整体画面进行补充和完善。注意强化产品的结构，切勿刻画的太死板。

7.2.3 手机耳机

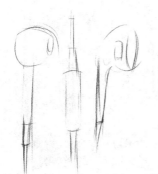

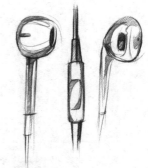

01 用铅笔勾画出产品的大体轮廓，注意产品造型的准确，刚开始可以忽略手机耳机的细节。

02 用炭笔在上一步铅笔稿的基础上绘制出手机耳机的整体结构。同时可以用炭笔简单地交代出手机耳机的明暗关系。

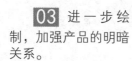

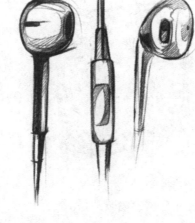

03 进一步绘制，加强产品的明暗关系。

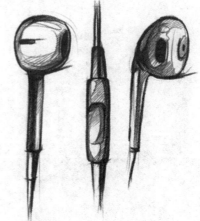

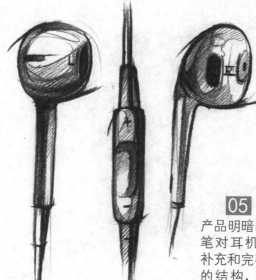

04 用炭笔加强每个结构的明暗交界线和暗部，注意处理产品的黑白灰明暗关系。

05 刻画细节，注意产品明暗的处理，同时用炭笔对耳机的整体画面进行补充和完善。注意强化产品的结构，切勿刻画的太死板。

7.2.4　Iphone 配件

01　用铅笔勾画出产品的大体轮廓，注意产品造型的准确，刚开始可以忽略细节。

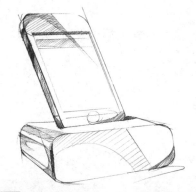

02　用圆珠笔在上一步铅笔稿的基础上绘制出产品的整体结构，注意线条的流畅。同时可以用圆珠笔简单地交代出明暗关系。

03　进一步绘制，加强产品的明暗关系。绘制出产品的整体明暗关系。

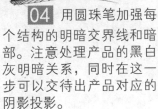

04　用圆珠笔加强每个结构的明暗交界线和暗部。注意处理产品的黑白灰明暗关系，同时在这一步可以交待出产品对应的阴影投影。

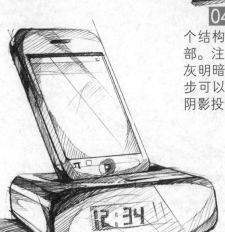

05　注意刻画细节，用圆珠笔对产品的整体画面进行补充和完善。注意强化产品的结构。切勿刻画得太死板。

7.3 摄影摄像

7.3.1 数码摄像机

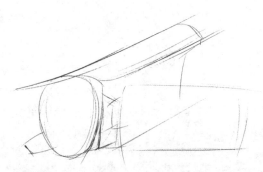

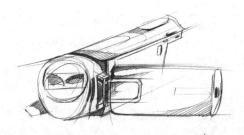

01 用铅笔勾画出数码摄像机的大体轮廓，注意产品造型的准确，刚开始可以忽略细节。

02 用圆珠笔在上一步铅笔稿的基础上绘制出产品的整体结构，注意线条的流畅，同时可以用圆珠笔简单的交代出明暗关系。

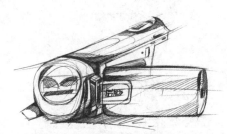

03 进一步绘制，加强产品的明暗关系，绘制出产品的整体明暗关系。

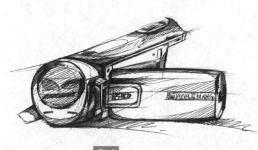

04 用圆珠笔加强每个结构的明暗交界线和暗部。注意处理产品的黑白灰明暗关系，同时在这一步可以交待出产品对应的阴影投影。

05 注意刻画细节，用圆珠笔对产品的整体画面进行补充和完善。注意强化产品的结构，切勿刻画的太死板。

7.3.2　单电相机

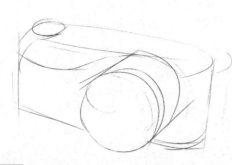

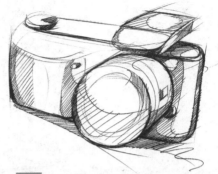

01　用圆珠笔在上一步铅笔稿的基础上绘制出产品的整体结构，注意线条的流畅，用线概括简练，同时可以用圆珠笔简单交代出明暗关系。

02　用铅笔勾画出相机的大体轮廓，注意产品造型的准确，同时注意透视准确。

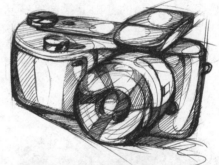

03　进一步绘制，注意产品整体与细节的关系要得当，同时绘制出产品的整体明暗关系。

04　用圆珠笔加强每个结构的明暗交界线和暗部。注意处理产品的黑白灰明暗关系。同时在这一步可以增加细节，交待出产品对应的阴影投影。

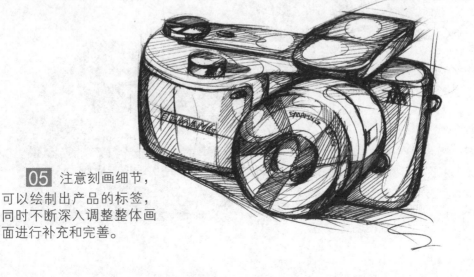

05　注意刻画细节，可以绘制出产品的标签，同时不断深入调整整体画面进行补充和完善。

7.3.3 单反相机

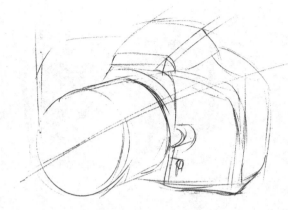

01 用铅笔勾画出单反相机的基本轮廓造型。

02 用圆珠笔在上一步铅笔稿的基础上绘制出产品的整体结构，注意线条的流畅，同时可以用圆珠笔简单的交代出明暗关系。

03 进一步绘制，加强产品的明暗关系，绘制出产品的整体明暗关系。

04 用圆珠笔加强每个结构的明暗交界线和暗部，注意处理产品的黑白灰明暗关系，同时在这一步可以交待出产品对应的阴影投影。

05 注意刻画细节，用
马克笔绘制出产品的基本色。
注意强化产品的结构，切勿
刻画的太死板。

06 调整单反相机的
的整体效果。

07 刻画细节，深入
表现单反相机的特点，注
意细节部分上色，同时可
以在重要结构部分用高光
笔去提亮，将单反相机表
现完整。

7.3.4 镜头

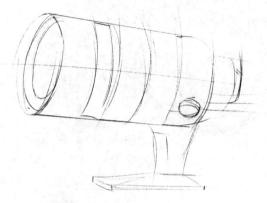

01 用铅笔勾画出镜头的基本轮廓造型。

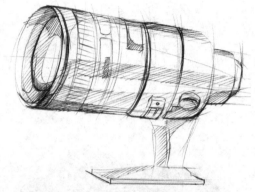

02 用圆珠笔在上一步铅笔稿的基础上绘制出产品的整体结构，注意线条的流畅。同时可以用圆珠笔简单地交代出明暗关系。

03 进一步绘制，完善镜头结构。

04 首先用圆珠笔加强每个结构的明暗交界线和暗部。然后用马克笔绘制出产品的基本色，注意处理产品的黑白灰明暗关系。

05 注意刻画细节，强化产品的结构。切勿刻画得太死板。

06 调整镜头的整体效果，同时在这一步可以交待出产品对应的阴影投影。

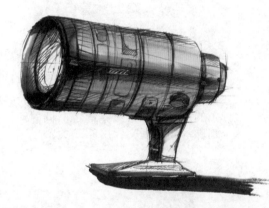

07 刻画细节，深入表现镜头的特点，注意细节部分上色，同时可以在重要结构部分用高光笔去提亮，将镜头表现完整。

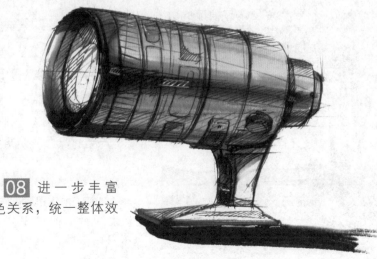

08 进一步丰富颜色关系，统一整体效果。

7.4 数码配件

7.4.1 手柄

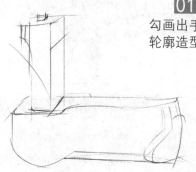

01 用铅笔勾画出手柄的基本轮廓造型。

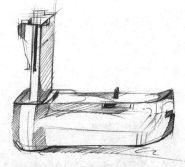

02 用圆珠笔在上一步铅笔稿的基础上绘制出产品的整体结构，注意线条的流畅，用线概括简练。同时可以用圆珠笔简单地交代出明暗关系。

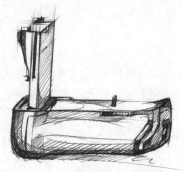

03 进一步绘制，注意产品整体与细节的关系要得当。同时绘制出产品的整体明暗关系。

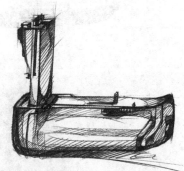

04 用圆珠笔加强每个结构的明暗交界线和暗部。注意处理产品的黑白灰明暗关系。

05 注意刻画细节，可以绘制出产品的标签，同时不断深入调整整体画面进行补充和完善。

7.4.2　相机包

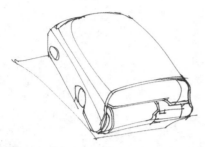 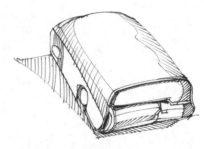

01 用圆珠笔勾画出相机包的基本轮廓造型。

02 用圆珠笔在上一步的基础上绘制出产品的整体结构，在这一步可以用圆珠笔简单地交代出明暗关系。

03 进一步绘制，用马克笔绘制出相机包的基本色，注意产品整体与细节的关系要得当。

04 用马克笔加强每个结构的明暗交界线和暗部，注意处理产品的黑白灰明暗关系。

05 注意刻画细节，可以绘制出产品的标签。同时不断深入调整整体画面进行补充和完善。

7.4.3 三脚架

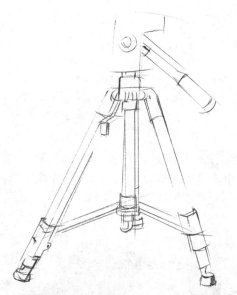

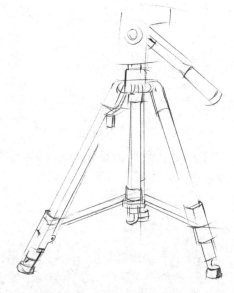

01 用铅笔勾画出三脚架的基本轮廓造型。

02 用圆珠笔在上一步铅笔稿的基础上绘制出产品的整体结构,注意线条的流畅,用线概括简练。

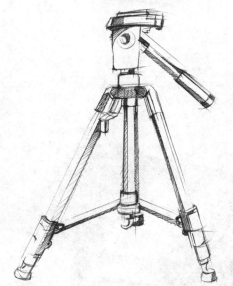

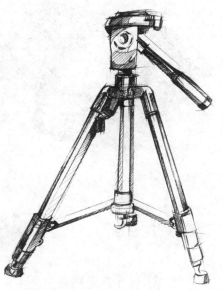

03 进一步绘制,注意产品整体与细节的关系要得当,同时绘制出产品的整体明暗关系。

04 用圆珠笔加强每个结构的明暗交界线和暗部。注意处理产品的黑白灰明暗关系。

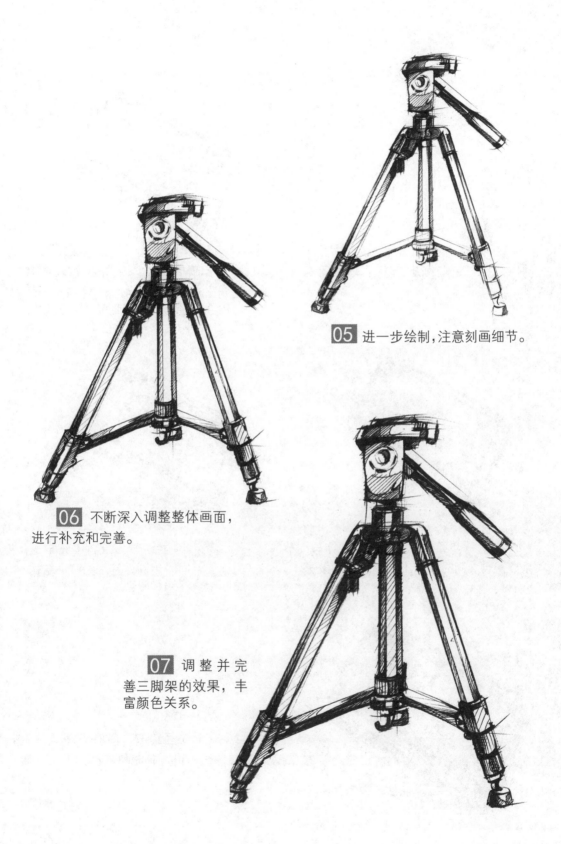

05 进一步绘制,注意刻画细节。

06 不断深入调整整体画面,进行补充和完善。

07 调整并完善三脚架的效果,丰富颜色关系。

7.4.4 充电器

01 用铅笔勾画出产品的基本轮廓造型。

02 用圆珠笔在上一步铅笔稿的基础上绘制出产品的整体结构，注意线条的流畅，用线概括简练，同时可以用圆珠笔简单地交代出明暗关系。

03 进一步绘制，注意产品整体与细节的关系要得当。同时绘制出产品对应的投影。

04 刻画细节，绘制出充电器的标签，同时用圆珠笔加强每个结构的明暗交界线和暗部。

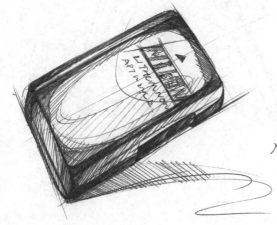

05 注意刻画细节，同时不断深入调整整体画面进行补充和完善。

7.5　时尚影音

7.5.1　MP3

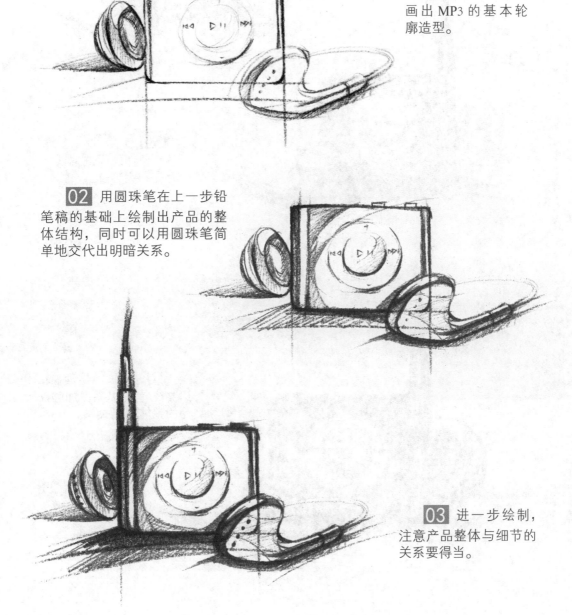

01 用铅笔勾画出 MP3 的基本轮廓造型。

02 用圆珠笔在上一步铅笔稿的基础上绘制出产品的整体结构，同时可以用圆珠笔简单地交代出明暗关系。

03 进一步绘制，注意产品整体与细节的关系要得当。

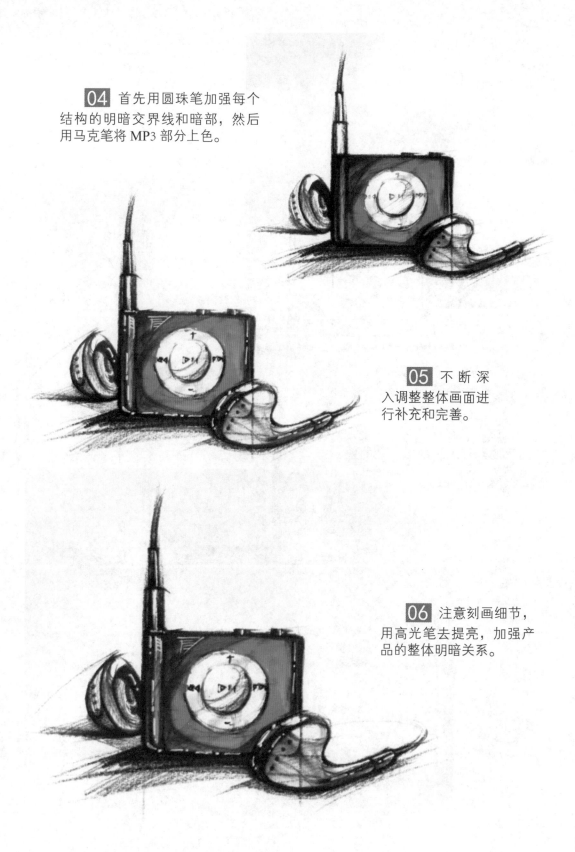

04 首先用圆珠笔加强每个结构的明暗交界线和暗部，然后用马克笔将 MP3 部分上色。

05 不断深入调整整体画面进行补充和完善。

06 注意刻画细节，用高光笔去提亮，加强产品的整体明暗关系。

7.5.2　MP4

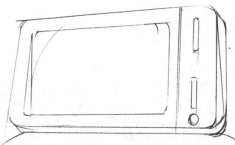

01 用圆珠笔勾画出 MP4 的基本轮廓造型。

02 用圆珠笔在上一步的基础上绘制出产品的整体结构，注意线条的流畅，用线概括简练。同时可以用圆珠笔简单地交代出明暗关系。

03 进一步绘制，注意产品整体与细节的关系要得当。同时绘制出产品的整体明暗关系。

04 首先圆珠笔加强每个结构的明暗交界线和暗部，然后用马克笔绘制出 MP4 的基本色。注意处理产品的黑白灰明暗关系，不断深入调整整体画面进行补充和完善。

7.5.3 耳麦

01 用铅笔勾画出耳麦的基本轮廓造型。

02 用圆珠笔在上一步铅笔稿的基础上绘制出产品的整体结构，注意线条的流畅，用线概括简练，同时可以用圆珠笔简单地交代出明暗关系。

03 进一步绘制，注意产品整体与细节的关系要得当，然后用马克笔给耳麦整体上色，同时绘制出产品的整体明暗关系。

04 加强耳麦的整体明暗关系。

05 进一步绘制，不断深入调整整体画面进行补充和完善。

06 用马克笔加强耳麦每个结构的明暗交界线和暗部。，这样可以突出产品的立体感。

07 注意刻画细节，可以绘制出产品的标签，同时不断深入调整整体画面进行补充和完善。

7.5.4 电子词典

01 用铅笔勾画出电子词典的基本轮廓造型。

02 用圆珠笔在上一步铅笔稿的基础上绘制出产品的整体结构,注意线条的流畅,用线概括简练,同时可以用圆珠笔简单地交代出明暗关系。

03 进一步绘制,注意产品整体与细节的关系要得当。同时绘制出产品的整体明暗关系。

04 用圆珠笔加强每个结构的明暗交界线和暗部。注意处理产品的黑白灰明暗关系。

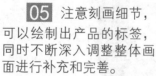

05 注意刻画细节,可以绘制出产品的标签,同时不断深入调整整体画面进行补充和完善。

7.5.5　麦克风

01 用圆珠笔勾画出麦克风的基本轮廓造型。

02 用圆珠笔在上一步基础上绘制出产品的整体结构，注意线条的流畅，用线概括简练。同时可以用圆珠笔简单地交代出明暗关系。

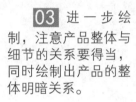

03 进一步绘制，注意产品整体与细节的关系要得当，同时绘制出产品的整体明暗关系。

04 用圆珠笔加强每个结构的明暗交界线和暗部。注意处理产品的黑白灰明暗关系。

05 注意刻画细节，可以绘制出产品的标签。同时不断深入调整整体画面进行补充和完善。

第8章

鞋类产品的绘制

　　鞋的产生与自然环境、人类的智慧密不可分。常见的鞋有皮鞋、运动鞋、户外鞋、高跟鞋、登山鞋等。

　　本章主要介绍了运动鞋、皮鞋和女士高跟鞋的手绘表现。

8.1 运动鞋

01 用炭笔勾画出运动鞋的大体轮廓,主要注意产品的基本的造型。

02 用炭笔绘制出运动鞋的整体结构,同时可以简单地交代出运动鞋的明暗关系。

03 进一步绘制,加强运动鞋的明暗关系。

04 首先用炭笔加强每个结构的明暗交界线和暗部,然后选用较鲜艳的红色马克笔,将运动鞋的部分材质上色,同时注意处理产品的黑白灰关系。

05 刻画细节,注意产品明暗的处理以及强化产品的结构,切勿刻画的太死板。

8.2 皮鞋

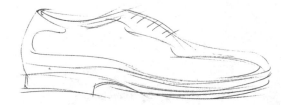

01 用圆珠笔勾画出皮鞋的大体轮廓，注意线条的流畅注意产品造型的准确，刚开始可以忽略细节。

02 首先用圆珠笔绘制出产品的整体结构，然后用马克笔绘制出皮鞋的基本色。

03 进一步绘制，加强产品的明暗关系。

04 调整皮鞋的整体效果。

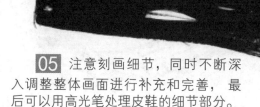

05 注意刻画细节，同时不断深入调整整体画面进行补充和完善，最后可以用高光笔处理皮鞋的细节部分。

8.3　女士高跟鞋

01　用炭笔勾画出高跟鞋的大体轮廓，注意线条的流畅，用线概括简练。

02　用炭笔简单地交代出明暗关系。

03　进一步绘制，注意产品整体与细节的关系要得当。同时加强产品的整体明暗关系。

04　用较鲜艳的红色马克笔和黄色马克笔绘制高跟鞋的基本色，同时注意处理产品的黑白灰明暗关系。

05　注意刻画细节，同时不断深入调整整体画面进行补充和完善。

06　调整并完善高跟鞋的效果，丰富颜色关系。

第 9 章

化妆用品产品的绘制

化妆品既是一个产业也是一种文化。本章主要介绍了香水、眼线笔、唇彩、美白霜和洗面奶的设计手绘表现。

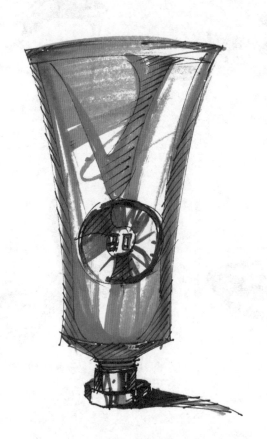

9.1　洗面奶

01　用炭笔勾画出大体轮廓，主要注意产品的基本造型。这一步可以忽略细节的刻画。

02　用炭笔绘制出产品的整体结构。

03　进一步绘制，加强洗面奶的明暗关系。

04　用炭笔加强每个结构的明暗交界线和暗部，同时注意处理产品的黑白灰关系。

05　刻画细节，绘制出产品的标签，注意产品明暗的处理以及强化产品的结构，切勿刻画得太死板。

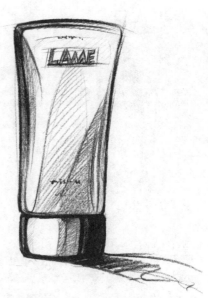

06　不断深入调整整体画面，进行补充和完善。

9.2 洗发露

01 用炭笔勾画出洗发露的大体轮廓，主要注意产品的基本造型。这一步可以忽略细节的刻画。

02 用炭笔绘制出产品的整体结构。简单交代产品的整体明暗关系。

03 进一步绘制，加强洗发露的明暗关系。

04 首先用炭笔加强

每个结构的明暗交界线和暗部，同时注意处理产品的黑白灰关系。

05 刻画细节，绘制出产品的标签，注意产品明暗的处理以及强化产品的结构，切勿刻画得太死板。

06 不断深入调整整体画面进行补充和完善。

9.3 沐浴露

01 用圆珠笔勾画出沐浴露的大体轮廓，主要注意产品的基本的造型。这一步可以忽略细节的刻画。

02 用圆珠笔绘制出产品的整体结构。简单交代产品的整体明暗关系。

03 用马克笔进一步绘制，注意产品色彩变化。

04 进一步用马克笔加强产品的明暗关系。

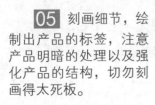

05 刻画细节，绘制出产品的标签，注意产品明暗的处理以及强化产品的结构，切勿刻画得太死板。

9.4 眼线笔

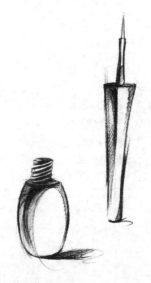

01 用炭笔勾画出眼线笔的大体轮廓。

02 用炭笔绘制出产品的整体结构。简单交代产品的整体明暗关系。

03 进一步绘制，加强眼线笔的明暗关系。

04 首先用炭笔加强每个结构的明暗交界线和暗部，同时注意处理产品的黑白灰关系。

05 注意刻画细节，同时不断深入调整整体画面进行补充和完善。

9.5　香水

01 用炭笔勾画出香水的大体轮廓，主要注意产品的基本造型。这一步可以忽略细节的刻画。

02 用炭笔绘制出产品的整体结构，同时可以简单地交代出明暗关系。

03 进一步绘制，加强产品的明暗关系。

04 用炭笔加强每个结构的明暗交界线和暗部，同时注意处理产品的黑白灰关系。注意玻璃材质的表现。

05 刻画细节，注意产品明暗的处理，同时不断深入调整整体画面进行补充和完善，切勿刻画得太死板。

9.6 护手霜

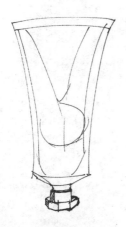 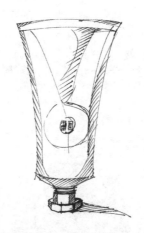 

01 用圆珠笔勾画出护手霜的大体轮廓,主要注意产品的基本造型。

02 用圆珠笔绘制出产品的整体结构,同时可以简单地交代出明暗关系。

03 进一步绘制,用马克笔绘制出整体的色彩明暗关系。

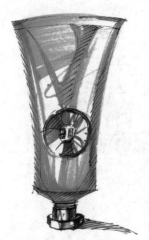 

04 用马克笔加强每个结构的明暗交界线和暗部,同时注意处理产品的黑白灰关系。

05 用马克笔加强每个结构的明暗交界线和暗部,同时注意处理产品的黑白灰关系。

9.7　唇彩

01　用圆珠笔勾画出唇彩的大体轮廓，主要注意产品的基本造型。这一步可以忽略细节的刻画。

02　用圆珠笔绘制出产品的整体结构。同时可以简单地交代出明暗关系。

03　用马克笔进一步绘制出整体的色彩明暗关系。

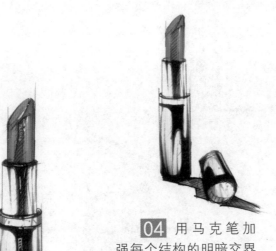

04　用马克笔加强每个结构的明暗交界线和暗部，同时注意处理产品的黑白灰关系。

05　刻画细节，强化产品的结构，切勿刻画得太死板。

06　不断深入调整整体画面进行补充和完善，最后完成绘制。

9.8 美白霜

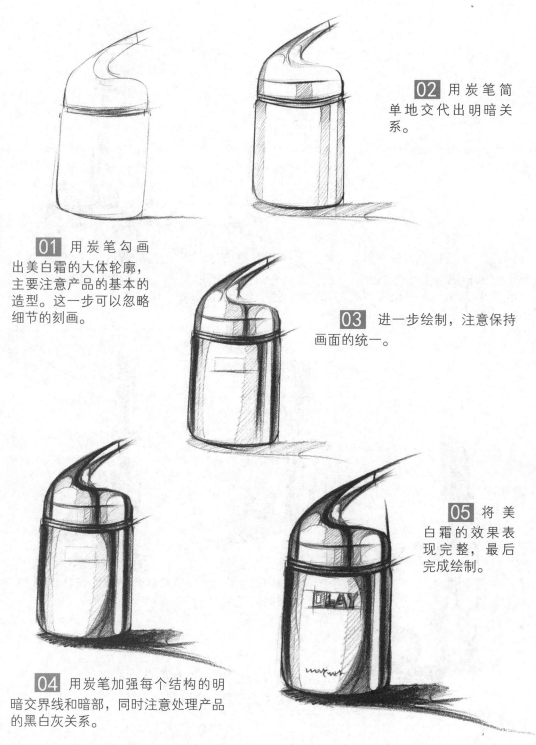

01 用炭笔勾画出美白霜的大体轮廓，主要注意产品的基本的造型。这一步可以忽略细节的刻画。

02 用炭笔简单地交代出明暗关系。

03 进一步绘制，注意保持画面的统一。

04 用炭笔加强每个结构的明暗交界线和暗部，同时注意处理产品的黑白灰关系。

05 将美白霜的效果表现完整，最后完成绘制。

9.9 清洁剂

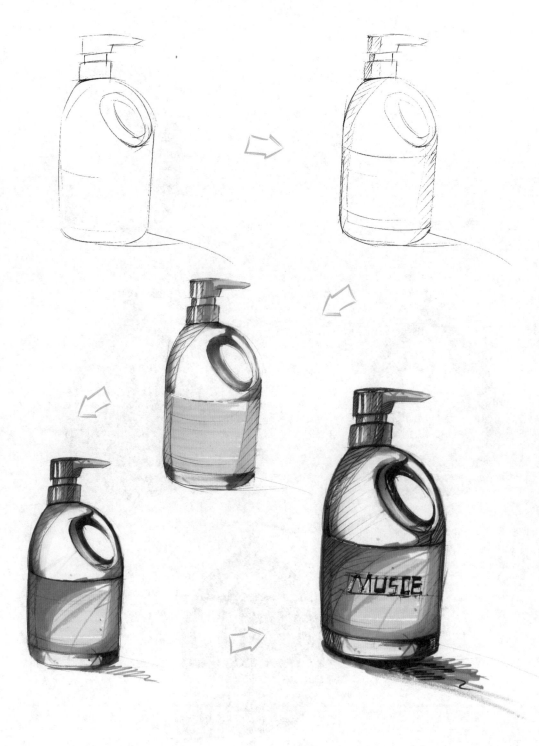

9.10 洗衣液

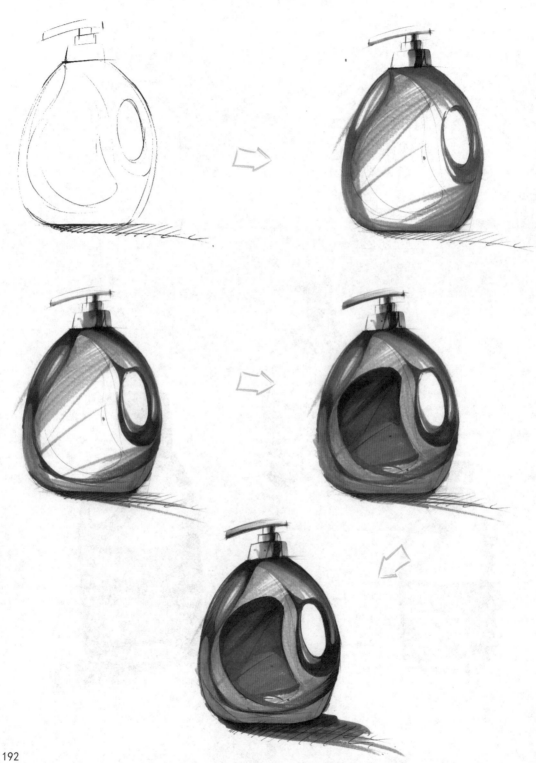

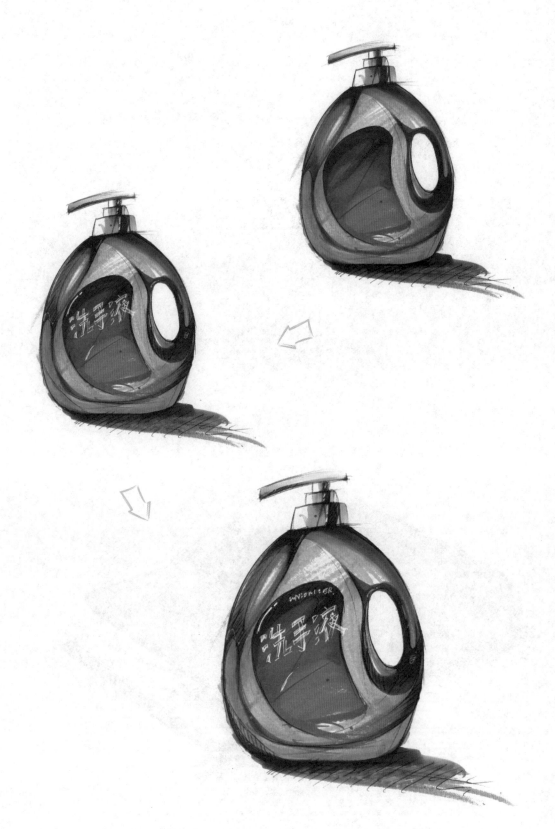

第 10 章

箱包钟表产品的绘制

本章主要介绍了女式包、男士包、礼品、钟表的设计
手绘表现。

10.1 女式包

10.1.1 卡包

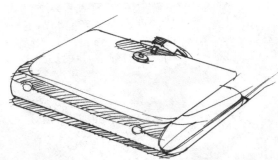

01 用圆珠笔勾画出卡包的大体轮廓，主要注意产品的基本造型。这一步可以忽略细节的刻画。

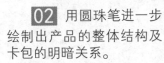

02 用圆珠笔进一步绘制出产品的整体结构及卡包的明暗关系。

03 用较鲜艳的马克笔绘制卡包的基本色。

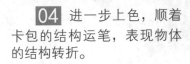

04 进一步上色，顺着卡包的结构运笔，表现物体的结构转折。

05 进一步表现卡包的特点，注意产品明暗的处理，以及强化产品的结构，切勿刻画得太死板。

06 绘制出产品的标签，不断深入调整整体画面进行补充和完善。

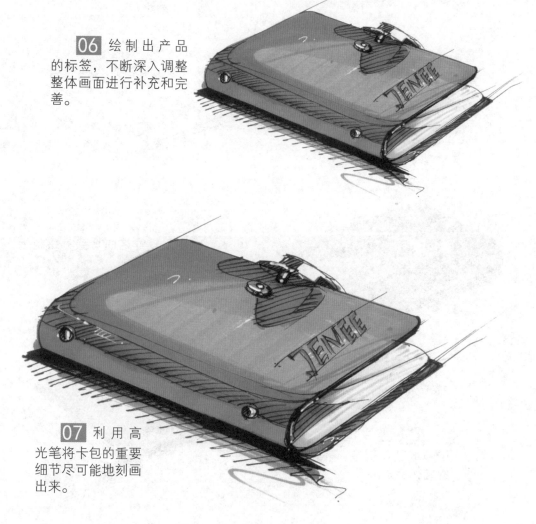

07 利用高光笔将卡包的重要细节尽可能地刻画出来。

10.1.2　手提包

10.2 男士包

10.2.1 商务公文包

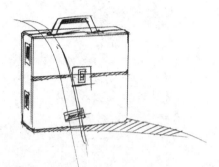

01 用圆珠笔勾画出商务公文包的大体轮廓，主要注意产品的基本造型。

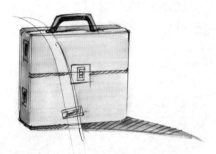

02 用马克笔绘制产品的基本色，并且简单交代出产品的整体明暗关系。

03 用马克笔进一步绘制，注意产品色彩变化。

04 进一步用马克笔加强产品的明暗关系，也可以用黑色中性笔进行绘制。

05 刻画细节，注意产品明暗的处理，以及强化产品的结构，切勿刻画得太死板。

10.2.2　男士手包

10.3 功能箱包

10.3.1 计算机数码箱包

01 用圆珠笔勾画出计算机数码箱包的大体轮廓,主要注意产品的基本的造型。这一步可以忽略细节的刻画。

02 首先用圆珠笔绘制出产品的整体结构。同时可以简单地交代出明暗关系,然后用马克笔给计算机数码箱包整体上色。

03 进一步绘制,用马克笔绘制出整体的色彩明暗关系

04 用马克笔加强每个结构的明暗交界线和暗部。

05 利用马克笔和圆珠笔进一步
绘制。

06 不断深入调整整体画面，
进行补充和完善。

07 利用高光笔对整体
画面进行补充和完善，同时
绘制产品对应的投影，强化
产品。

10.3.2 拉杆箱

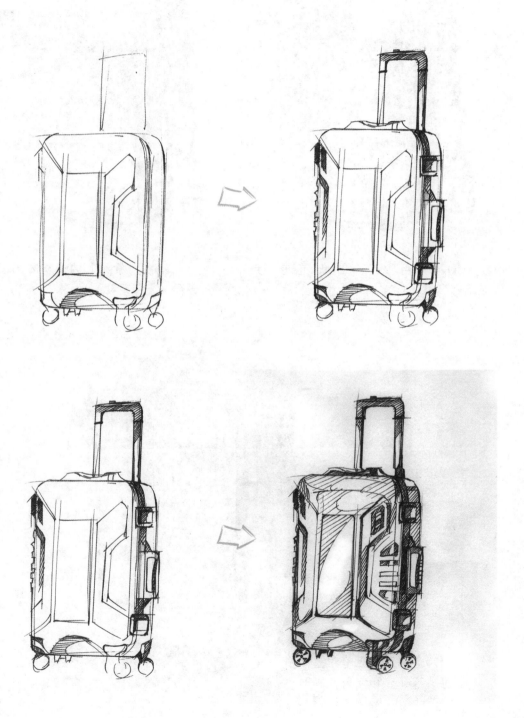

10.3.3 旅行包

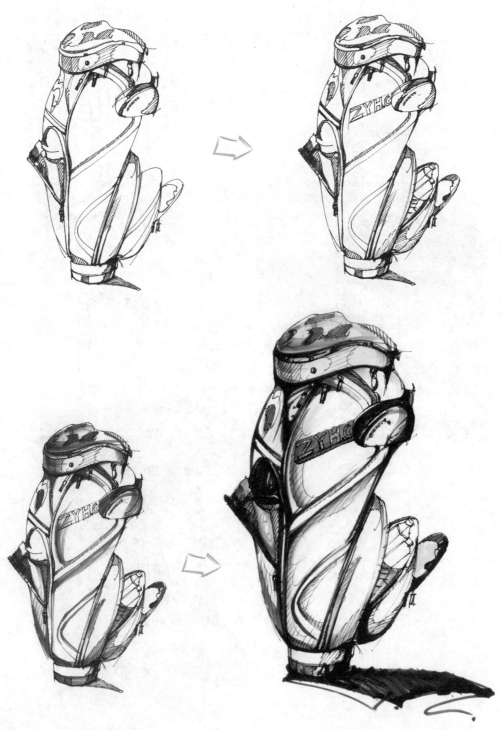

10.3.4　运动包

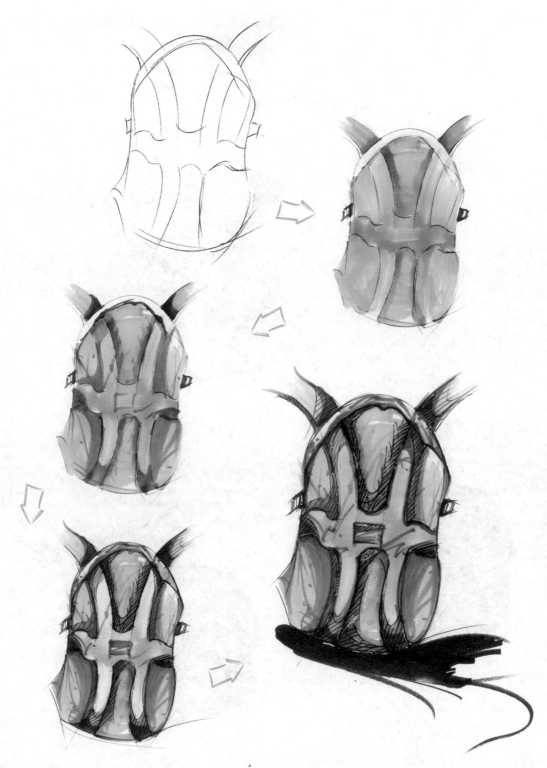

10.3.5 腰包

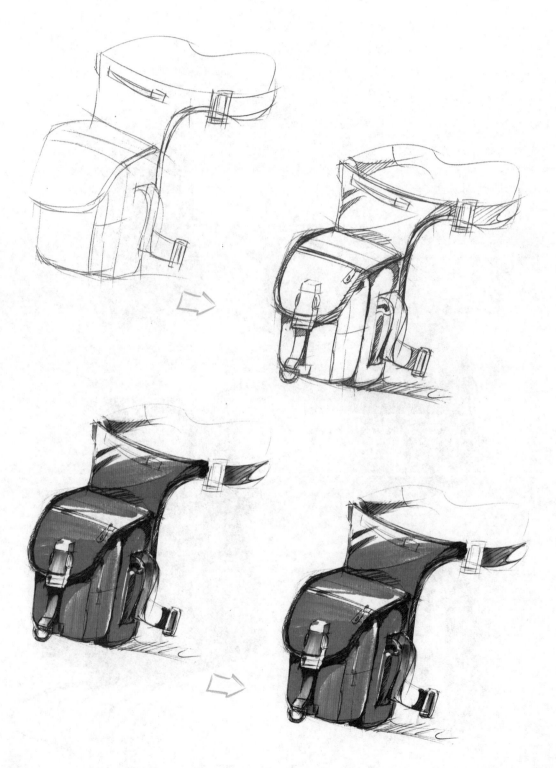

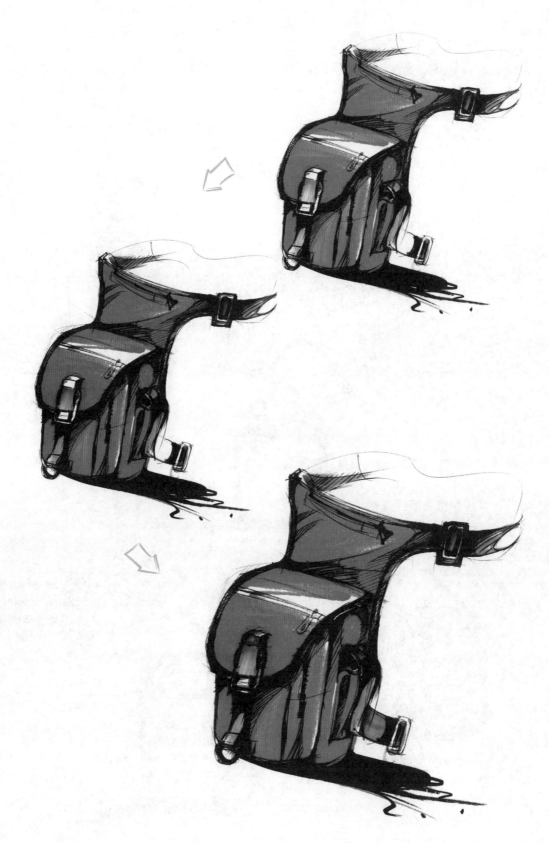

10.4 礼品

10.4.1 打火机

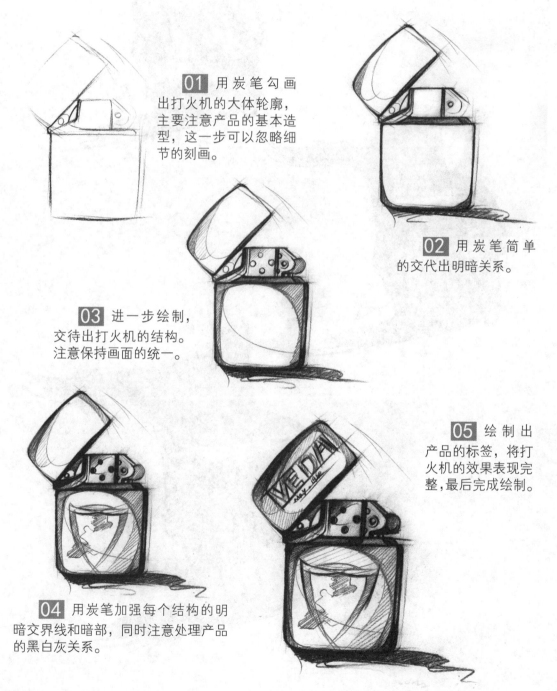

01 用炭笔勾画出打火机的大体轮廓，主要注意产品的基本造型，这一步可以忽略细节的刻画。

02 用炭笔简单的交代出明暗关系。

03 进一步绘制，交待出打火机的结构。注意保持画面的统一。

04 用炭笔加强每个结构的明暗交界线和暗部，同时注意处理产品的黑白灰关系。

05 绘制出产品的标签，将打火机的效果表现完整，最后完成绘制。

10.4.2　烟斗

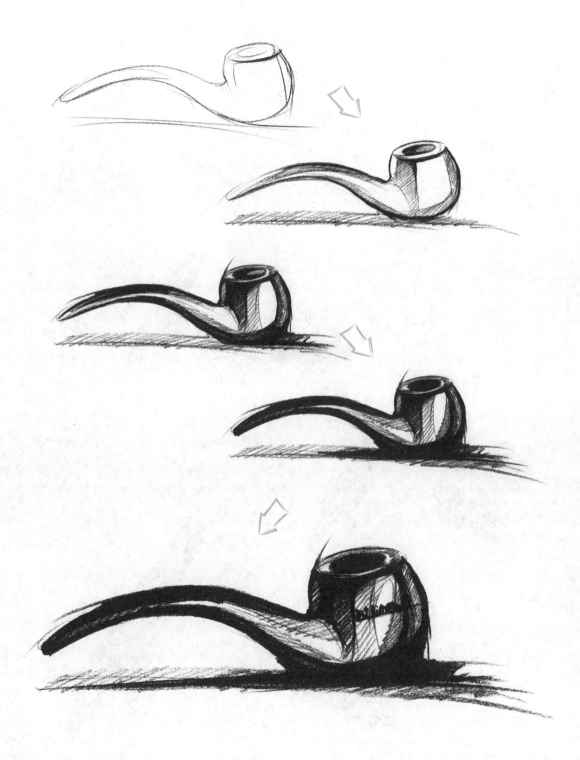

10.4.3 钢笔

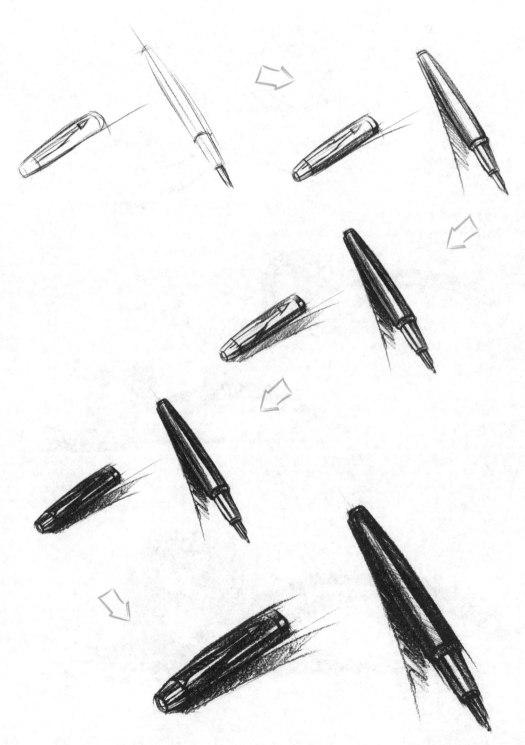

10.4.4　瑞士军刀

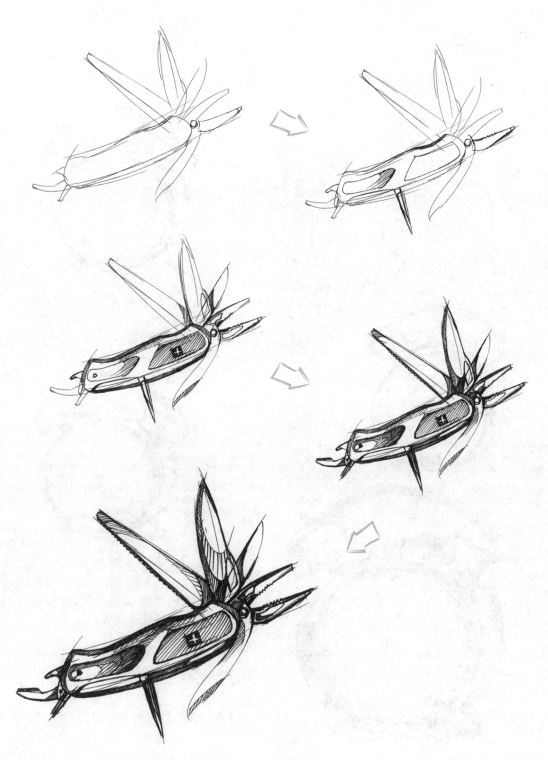

10.5 钟表

10.5.1 闹钟

01 用炭笔勾画出闹钟的大体轮廓，主要注意产品的基本造型。这一步可以忽略细节的刻画。

02 用炭笔绘制出产品的整体结构。同时可以简单地交代出明暗关系。

03 进一步绘制，加强产品的明暗关系。

04 用炭笔加强每个结构的明暗交界线和暗部，同时注意处理产品的黑白灰关系。注意玻璃材质的表现。

05 刻画细节，绘制出闹钟的时间数值，注意产品明暗的处理，同时不断深入调整整体画并进行补充和完善。

10.5.2 挂钟

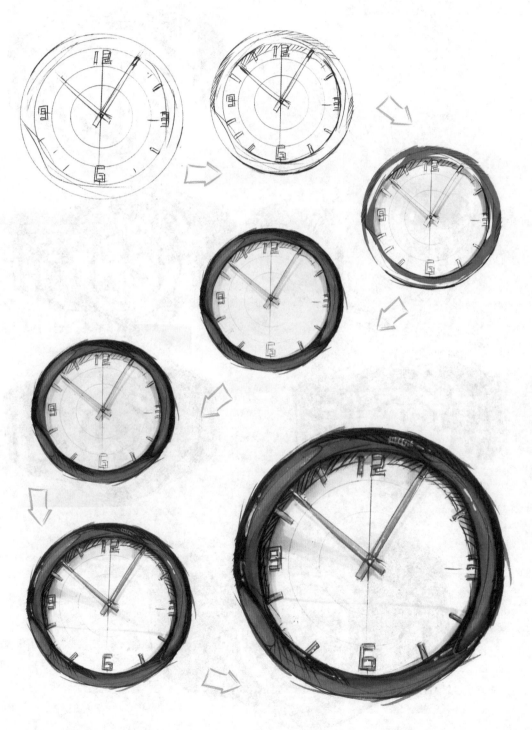

10.5.3　手表

第 11 章

运动产品的绘制

本章主要介绍了望远镜、垂钓用品、骑行用品、健身器械和防护器具的设计手绘表现。

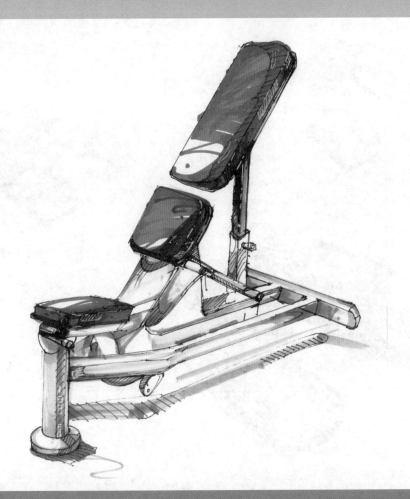

11.1 户外装备

11.1.1 望远镜

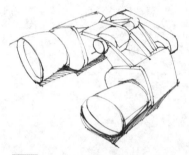 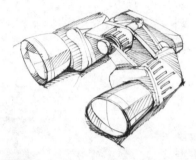

01 用圆珠笔勾画出望远镜的大体轮廓。

02 用圆珠笔绘制出产品的整体结构，并进一步绘制细节。同时这一步可以简单交代产品的整体明暗关系。

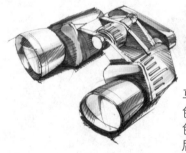

03 首先用马克笔为望远镜上色，注意马克笔用色的虚实变化，然后加强望远镜的明暗关系。

04 进一步上色，增强望远镜的虚实变化。

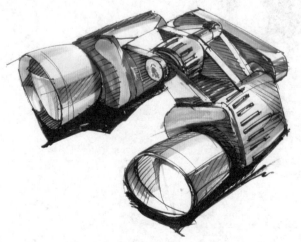

05 注意刻画细节，同时不断深入调整整体画面并进行补充和完善。

11.1.2 垂钓用品

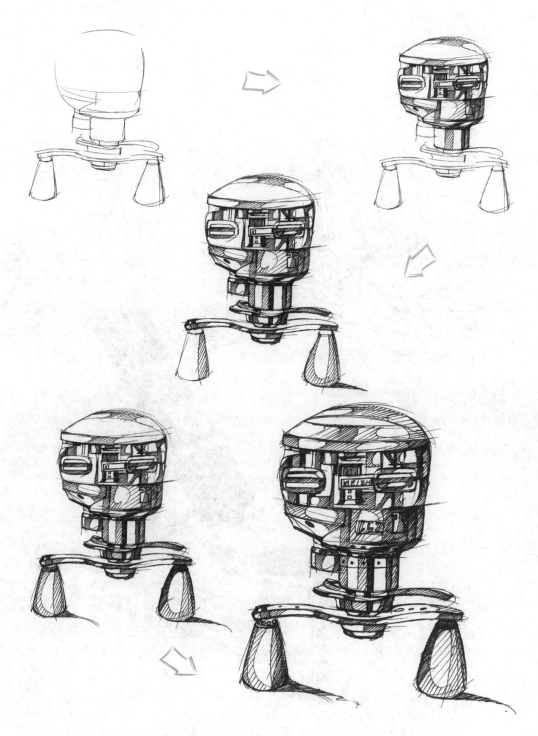

11.2 运动器械

11.2.1 健身器械

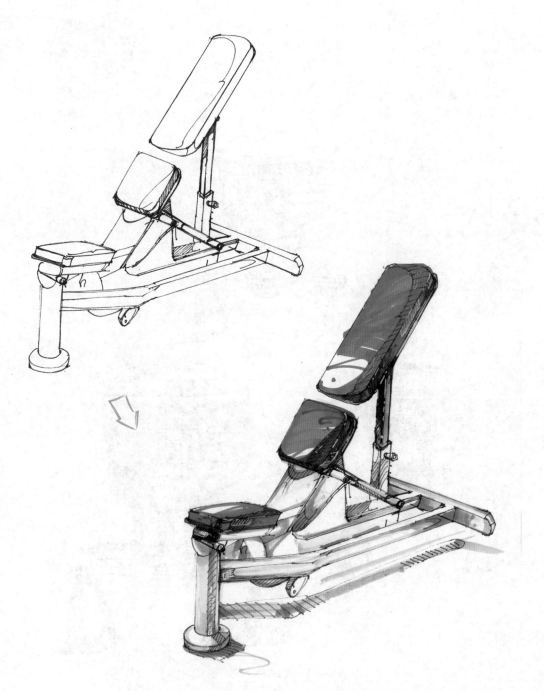

11.2.2 骑行器材

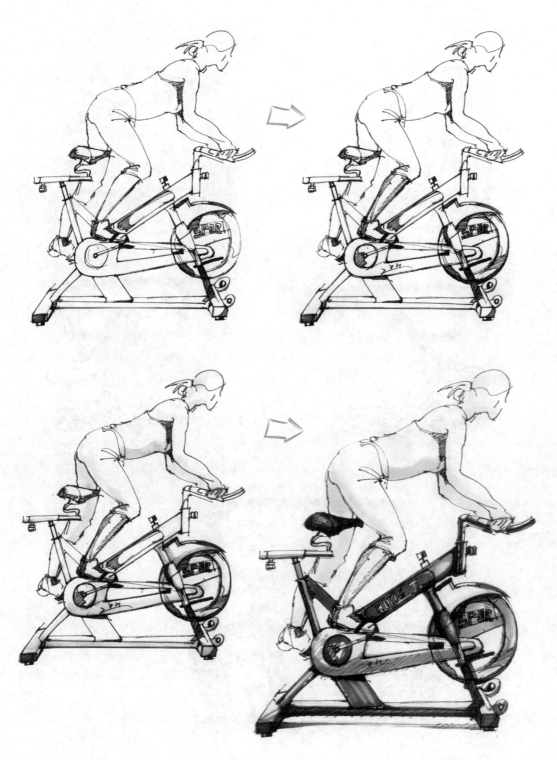

11.2.3 防护器具

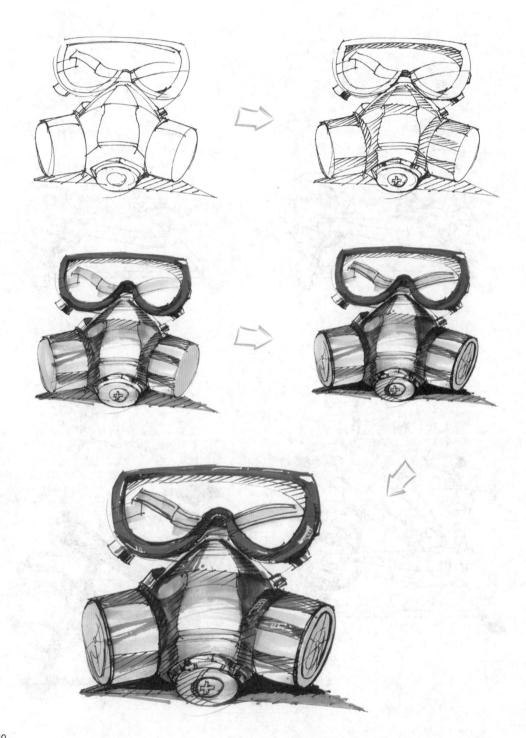

第 12 章

家具产品的绘制

家具是指在生活、工作和社会实践中供人们坐卧和支撑与储存物品的一类用具与设备。家具不仅是简单的功能物质产品，而且是一种广为普及的大众艺术，它既要满足某些特定的用途，又要满足供人们观赏，使人在接触和使用过程中产生某种审美快感和引发丰富联想的精神需求。

本章主要介绍了沙发和桌椅的设计手绘表现。

12.1 桌子

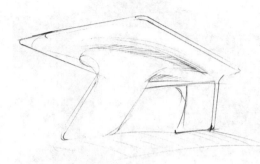

01 用圆珠笔勾画出桌子的大体轮廓，主要注意产品的基本造型，同时简单交代产品的整体明暗关系。

02 用马克笔为桌子上色，注意马克笔用色的虚实变化。

03 用马克笔进一步绘制，增强画面的明暗对比。

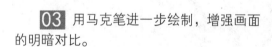

04 进一步调整并完善画面的整体效果，用马克笔加强产品的色彩关系。

05 刻画细节，加强画面的层次感。

12.2 椅子

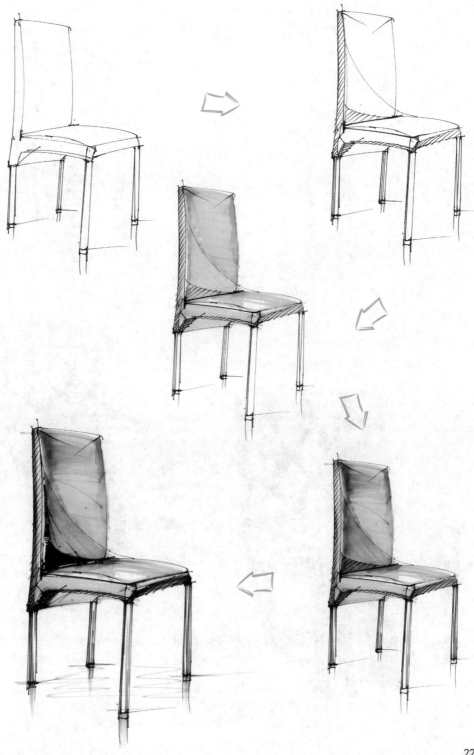

12.3 沙发

第 13 章

汽车用品产品的绘制

汽车用品是指应用于汽车改装、汽车美容、汽车装饰等汽车零部件及相关产品。

本章主要介绍了 GPS 导航仪、充气泵、洗车器和汽车坐垫的设计手绘表现。

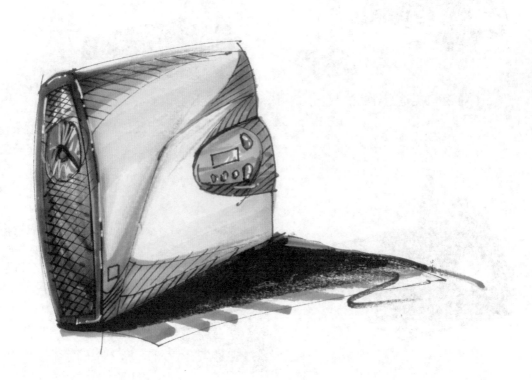

13.1 电子电器

13.1.1 GPS 导航仪

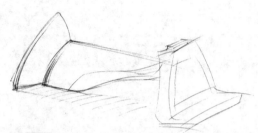 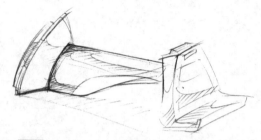

01 用圆珠笔画出导航仪的大体轮廓，这一步注意产品的基本造型，并且可以忽略细节的刻画。

02 用圆珠笔绘制出产品的整体结构，注意结构要清晰，同时可以简单地交代出明暗关系。

03 用马克笔为导航仪上色。

04 进一步上色，注意把握导航仪色彩的虚实变化。

05 刻画细节，注意产品明暗的处理，同时不断深入调整整体画面进行补充和完善。

13.1.2 防盗器

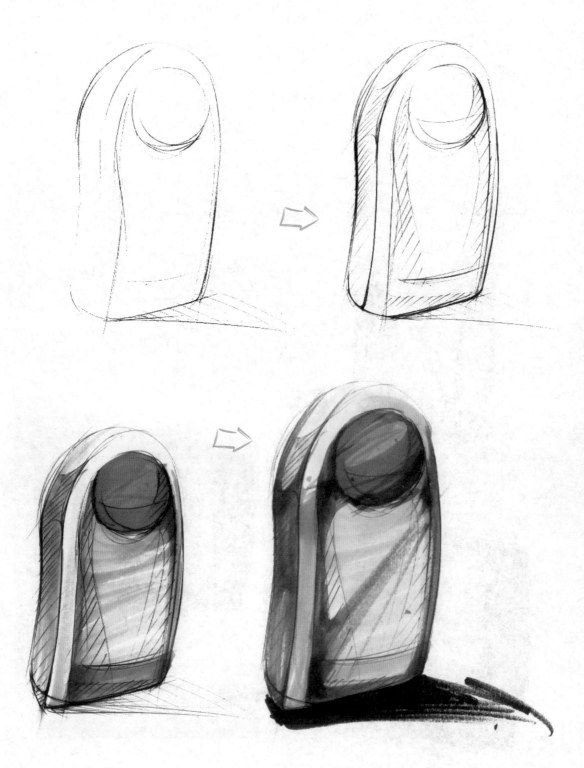

13.1.3 充气泵

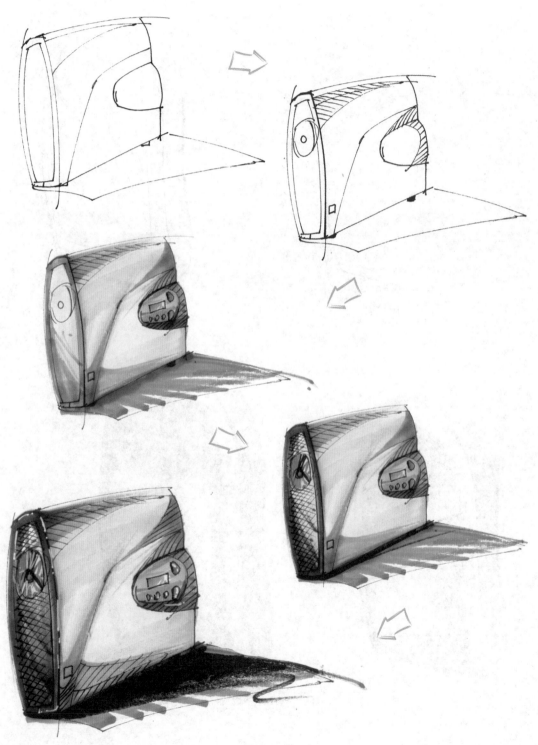

13.2 汽车美容与装饰

13.2.1 洗车器

13.2.2 汽车坐垫

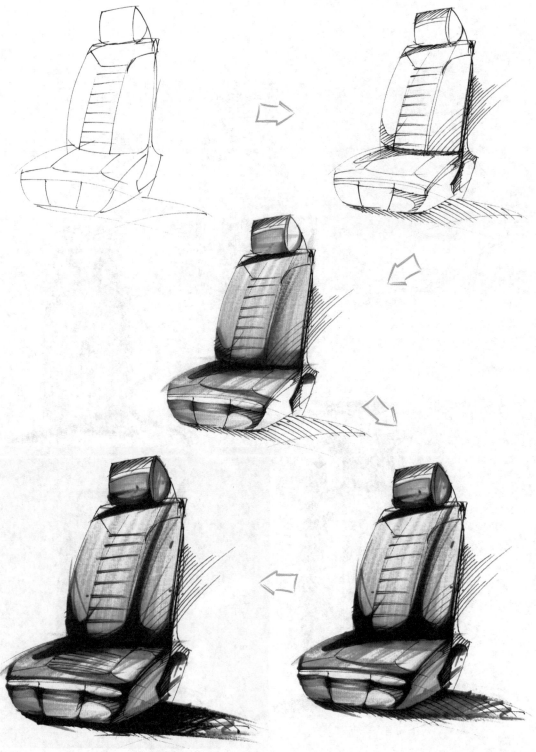

第 14 章

交通工具产品的绘制

交通工具是现代人生活中不可或缺的一个部分。随着时代的变化和科学技术的进步。我们的交通工具越来越多。比如自行车、轿车、摩托车、火车等。

本章主要介绍了摩托车、轿车、概念车和自行车的设计手绘表现。

14.1 摩托车

01 用圆珠笔勾画出摩托车的大体轮廓，注意产品的基本造型，以及用线要流畅、肯定，这一步可以忽略细节的刻画。

02 用圆珠笔绘制出产品的整体结构。同时可以简单地交代出明暗关系。

03 用马克笔为摩托车上色，注意把握摩托车的色彩和材质特征。

04　用马克笔加强每个结构的明暗交界线和暗部，同时注意处理产品的黑白灰关系。

05　刻画细节，用高光笔绘制标签，同时不断深入调整整体画面，进行补充和完善，
最后完成绘制。

14.2 小汽车

14.3 概念车

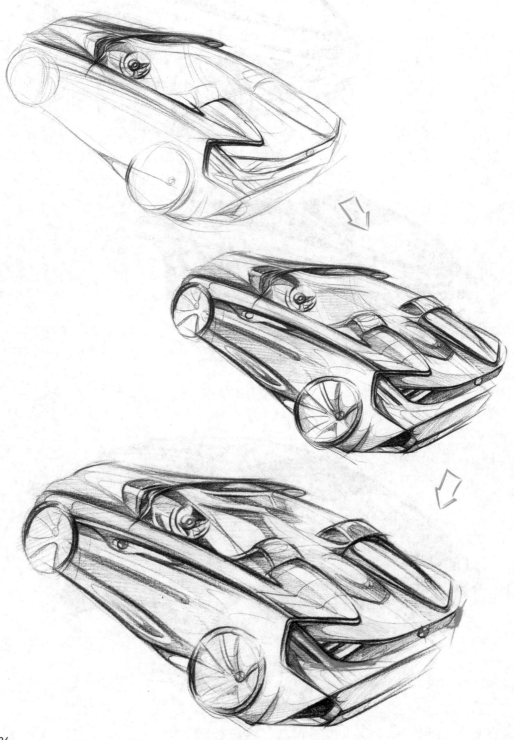

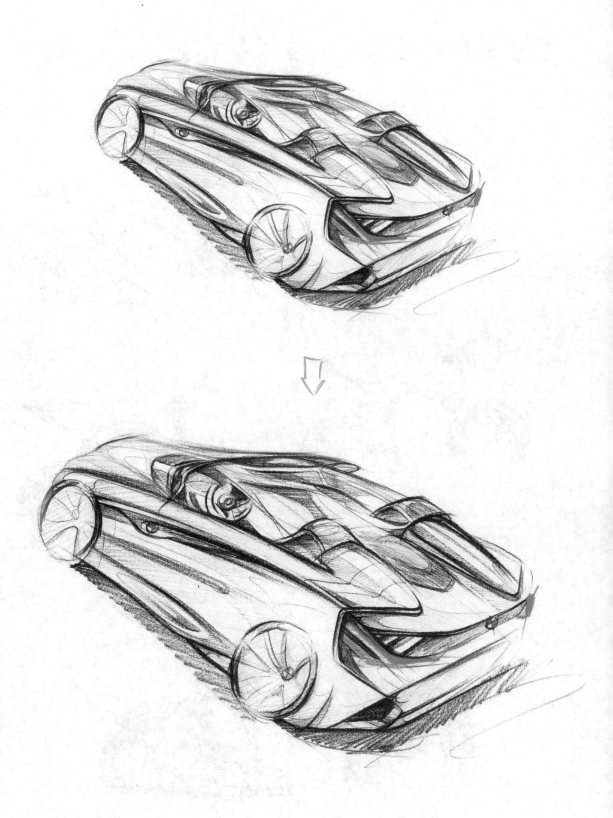

14.4 自行车

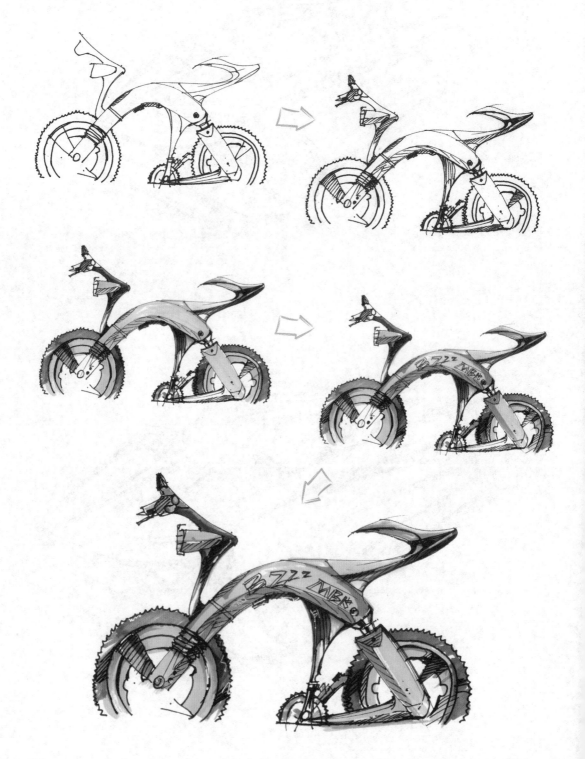

第 15 章

重型机械产品的绘制

本章主要介绍了汽车起重机、载货汽车、混凝土搅拌运输车和挖掘机的设计手绘表现。

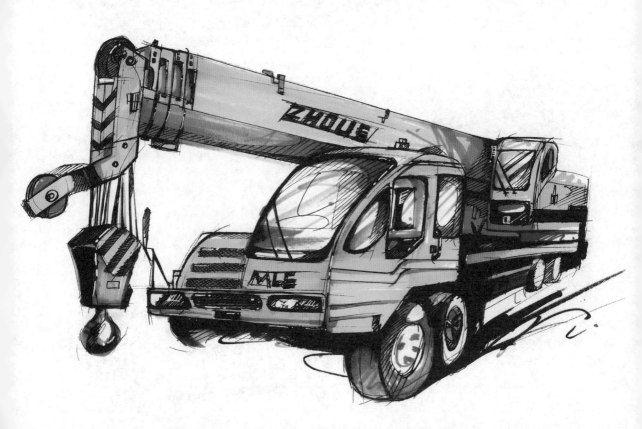

汽车起重机

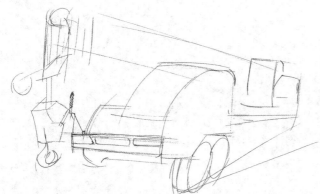

02 用圆珠笔勾画出汽车起重机的大体轮廓，主要注意产品的基本造型。

03 用圆珠笔绘制出产品的整体结构。同时可以简单地交代出明暗关系。

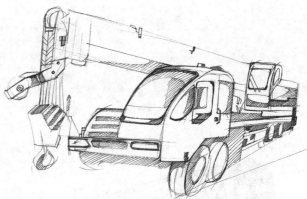

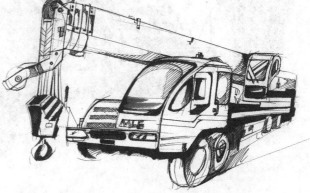

04 进一步绘制，用圆珠笔绘制每个细节部分的结构线。

05 用马克笔加强每个结构的明暗交界线和暗部，同时注意处理产品的黑白灰关系。

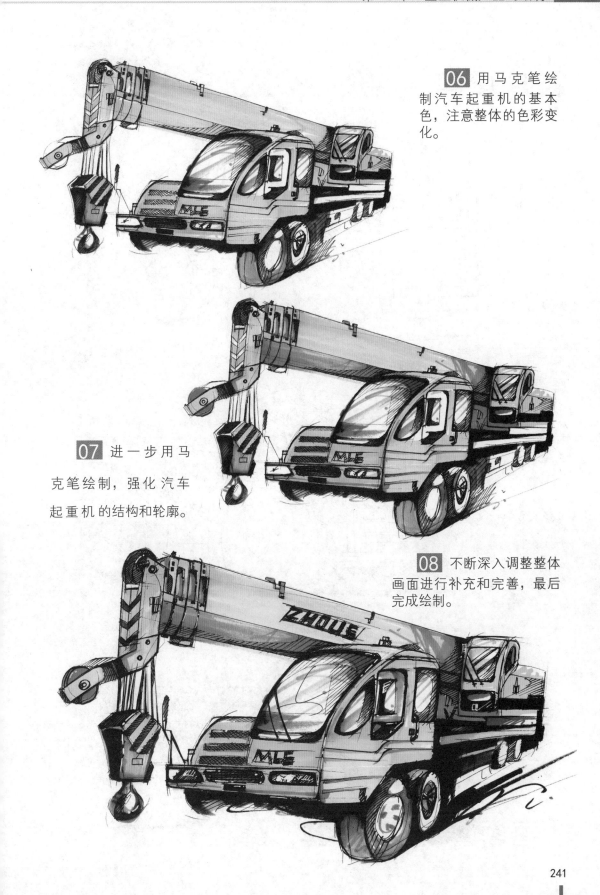

06 用马克笔绘制汽车起重机的基本色，注意整体的色彩变化。

07 进一步用马克笔绘制，强化汽车起重机的结构和轮廓。

08 不断深入调整整体画面进行补充和完善，最后完成绘制。

15.1 载货汽车

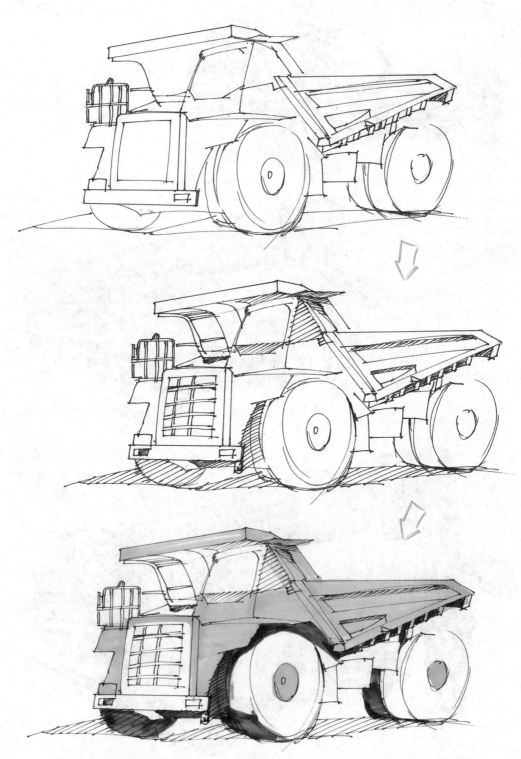

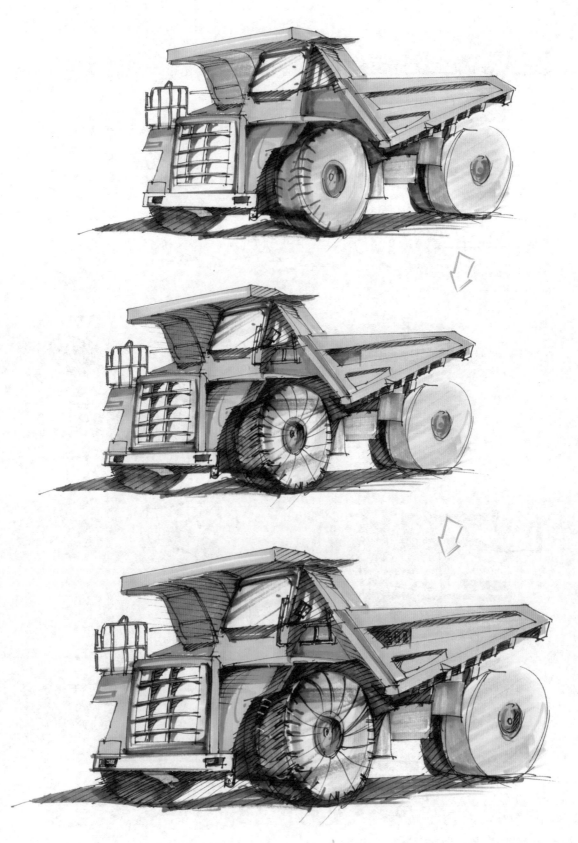

15.2 混凝土搅拌运输车

15.3 挖掘机

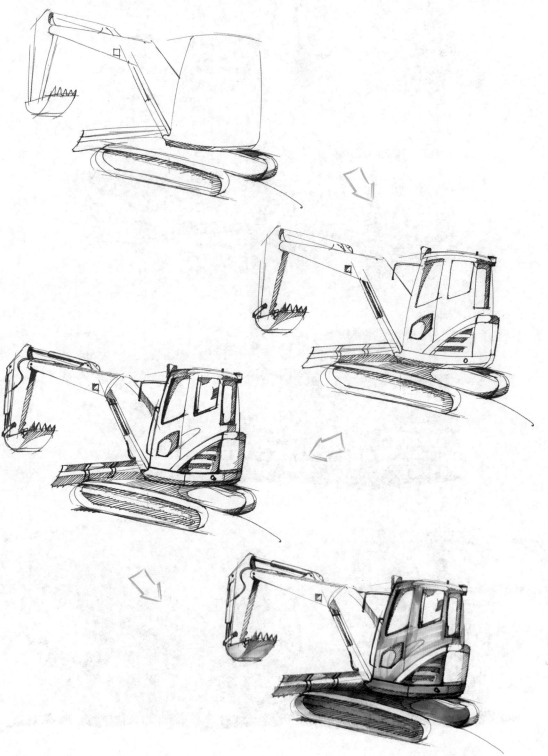

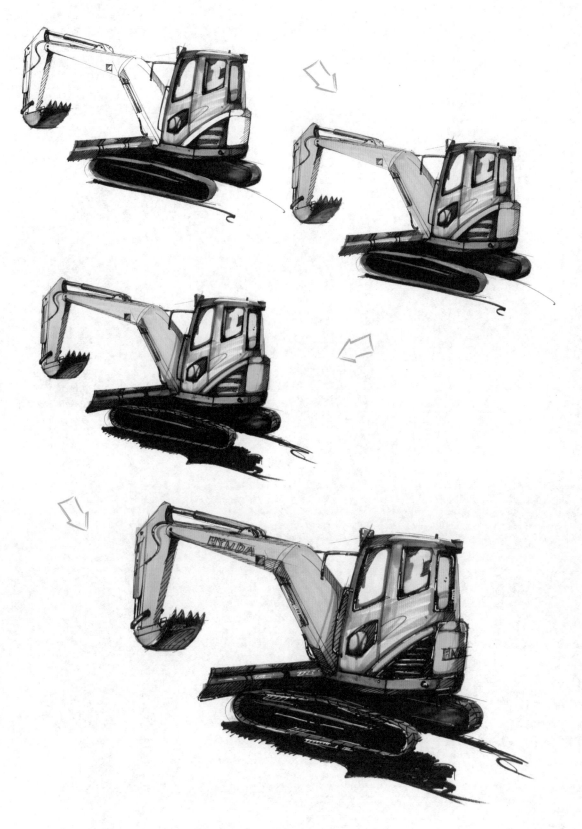